电动仓储设备设计工艺基础

王建民　编著

ZHEJIANG UNIVERSITY PRESS
浙江大学出版社

图书在版编目（CIP）数据

电动仓储设备设计工艺基础 / 王建民编著. —杭州：浙江大学出版社，2019.7
ISBN 978-7-308-19310-8

Ⅰ.①电… Ⅱ.①王… Ⅲ.①仓库经营管理设备—设计—技术培训—教材 Ⅳ.①TH692.3

中国版本图书馆 CIP 数据核字(2019)第 140735 号

电动仓储设备设计工艺基础

王建民 编著

责任编辑 王 波
责任校对 陈静毅 汪志强
封面设计 十木米
出版发行 浙江大学出版社
（杭州市天目山路 148 号 邮政编码 310007）
（网址：http://www.zjupress.com）
排　　版 杭州中大图文设计有限公司
印　　刷 杭州高腾印务有限公司
开　　本 710mm×1000mm 1/16
印　　张 11.75
字　　数 217 千
版 印 次 2019 年 7 月第 1 版 2019 年 7 月第 1 次印刷
书　　号 ISBN 978-7-308-19310-8
定　　价 36.00 元

前　言

电动仓储设备制造企业的研发人员所面临的挑战是如何更好地了解用户对产品品质的要求，以及如何在产品设计和生产过程中实现用户所需求的品质。企业要想在市场竞争中保持优势，就必须设法提高设计和开发过程的效率，从而缩短从概念设计到批量生产的周期。只有更好地了解电动仓储设备的整体系统，才能在电动仓储设备设计的前期预知产品的质量和性能，以最少的投入实现设计的调整和改进，从而最终实现企业的经营目标。

杭州中力机械设备有限公司的经营理念和核心价值观，是多年来企业经营实践之本，公司最深入、最具前瞻性地实践着国际市场化的操作模式，已步入可持续成长之路。本人在工作中深受企业经营氛围的启迪，感到本公司的产品开发理念和模式与传统观念有很大区别。本书是我工作和学习的一点心得，愿与青年同行们交流。在新产品开发中，本书可提供一些分析问题的思路和解决问题的方法，供大家参考。

王建民

2018 年 5 月

目 录

1 绪 论

仓储设备通常由轮式底盘和工作装置两大部分组成。由于机动性和绿色环保的要求，往往采用蓄电池供电车辆电动机作为驱动装置动力源。仓储设备一般用于货物的装卸、堆垛和短距离搬运，作业场所通常为仓储中心、仓库、站台和货场。因此，仓储设备具有电力拖动、起重运输和车辆动力学的很多特征，但其使用功能和作业环境又决定了它是既不同于起重机也不同于运输车辆的一种电动工业车辆。随着全球绿色环保、节能减排和物流仓储技术的快速发展，电动仓储设备也在不断发展，其形式包括电动叉车、电动搬运车、电动堆高车、电动牵引车等，正展现出广阔、可持续的发展前景。对于电动仓储设备新产品研发人员来说，有必要了解一些新产品快速研发的相关知识，故本章对此略作介绍。

1.1 快速响应设计与制造系统

随着科学技术的发展，新产品开发周期越来越短，一个新产品上市不久，另一个性价比更优的同类产品又问世了，市场竞争越来越激烈。以汽车制造为例，从前一个轿车车型一般都要生产数十万辆，现在一个新的车型平均只生产几万辆。为什么不能再多生产呢？原因在于，一旦有性价比更优的新车型上市，原车型就失去了市场竞争力。从前轿车的研发上市周期为5～8年；现在，国际上一个新车型的研发和上市周期已缩短到2年以下。统计表明，新产品最早上市的几家公司，往往能占领85%的市场份额。为使企业在激烈的市场竞争中立于不败之地，企业研发人员需要发展对市场动态需求具有快速响应能力的快速响应设计与制造系统。快速响应设计与制造系统主要包括新产品的快速研发和新产品制造资源的快速重组两大部分。

1.2 新产品快速研发的关键

电动仓储设备新产品开发的关键是优化、平衡不同的性能指标,实现产品性价比的升级和创新。

把国际上已经标准化的电动仓储设备的部套件,如电动驱动传动装置系列、驱动控制器系列、电动液压站系列等,应用在电动搬运车、电动堆高车、前移式电动叉车、电动巷道叉车、平衡重电动叉车等的新产品开发中,作为电动仓储设备新产品开发的首选部套件,就会大大缩短新产品开发上市周期,并确保产品的先进性和适用性。如图 1-1 所示为新产品优化设计流程。

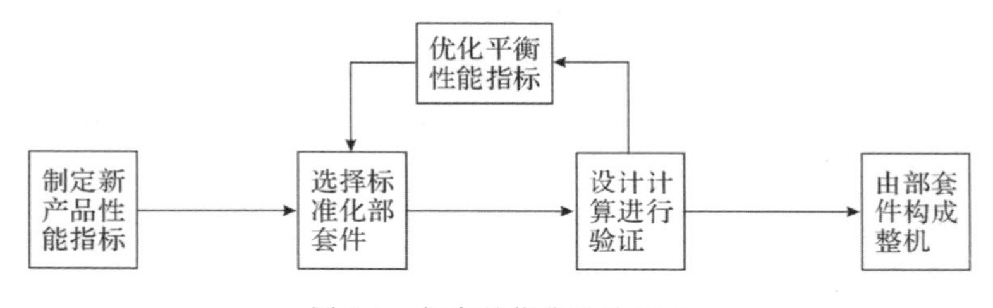

图 1-1 新产品优化设计流程

上述的产品开发思路,实际上就是模块化设计理论在电动仓储设备新产品开发中的应用。

模块化设计理论的主要价值是最大限度地利用外部专业化资源。因为专业的模块化结构来源于经验丰富的专业设计团队,即从事模块化系统的总体规划和系统设计、制定共同规则的精英团队,这样形成的由一系列专业化通用部套件灵活组装成产品族的产品构成模式,极大地缩短了新产品的研发周期。模块化设计是以最少要素构成最多产品的有效开发途径,因此,特别适用于多品种、小批量生产。

1.3 新产品快速研发的最大推动力

对于研发人员来说,“专注”就是要对产品进行不停止的钻研,以求更好。研发人员不仅要关注设计,也要关注制造工艺、质量检验、试验检测、销售服务、客户反馈等系统信息。这些信息是我们做好工作的导师和不断钻研的源泉。

创新的最大推动力是以知识为基础的技术改进。深入掌握产品知识的过程,就是发现问题的过程,也是解决问题和实现创新的过程。创新是一个在市场上创造和产生新的客户价值的过程。客户总是最重要的,因为只有他们购买了你的产品和服务,才能最终证明你的成功,他们会用行动证明你是否创造了价值。

1.4 新产品制造资源的快速重组

新产品开发出来之后,要迅速形成生产能力。在快速响应市场需求方面,美国里海大学和通用汽车公司共同提出的敏捷制造生产模式,给出了一种新理念、新思路、新方法。敏捷制造生产模式不主张借助大规模技术改造来扩充企业的生产能力,也不主张建立拥有一切生产要素、独霸市场的巨型公司。敏捷制造生产模式的核心是虚拟企业(或称"动态联盟"),新产品开发成功后,主导企业将通过计算机网络,在全球范围内选取最佳制造资源组建虚拟企业,然后通过网络、数据库、多媒体等技术的支撑来协调设计、制造、装配、销售等活动,各加盟单元将根据贡献和合同分享利润。当产品的市场寿命终结时,虚拟企业是否解体则视实际情况而定。若新产品与原来产品结构相似、工艺相近,则应对原制造资源进行快速调整;若新产品与原来产品在结构和工艺上差别很大,则应对原制造资源进行快速重组。

例如,美国波音公司 747 型飞机上有 600 多万个零件,绝大部分都不是波音公司自己生产的,而是由 65 个国家和地区的 15000 多个中小企业分别提供的。

采用组建虚拟企业的办法实现制造资源快速重组的优点是:

(1)虚拟企业可充分利用现有制造资源和技术,提高制造资源重组的速度,从而显著缩短产品上市周期。

(2)虚拟企业在全球范围内优化、组织制造资源,可以保证产品的制造质量,并可降低制造企业的成本。

(3)不需要固定资产的再投资,避免了投资风险和支付贷款利息,虚拟企业可以获得稳定的生产效益。

从工业发达国家和地区已经实施的情况分析,推行快速响应制造技术,可以明显加快新产品的上市速度。例如,美国笔记本电脑的生产,从设计到上市销售只需要 4 个月的时间。

2 电力拖动与车辆动力学

凡是由电动机将电能转换成机械能,拖动生产机械完成一定工艺要求的系统,都称为“电力拖动系统”。本章主要研究蓄电池供电工业车辆用电动机的机械特性以及调速运行状态等。图 2-1 为电动行走系统组成框图,图 2-2 为电动液压起升系统组成框图。

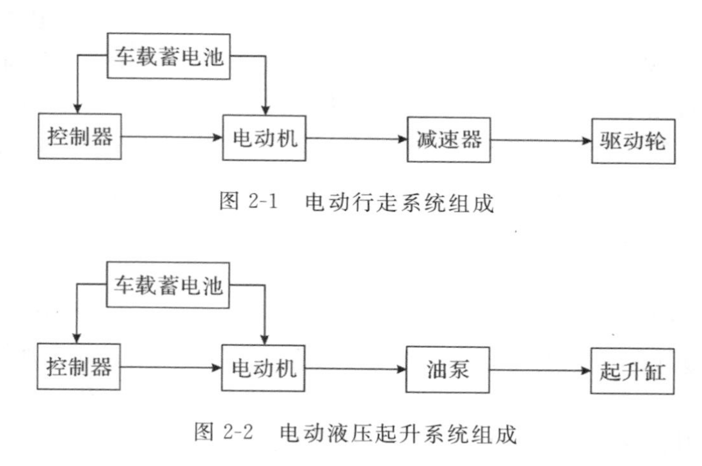

图 2-1 电动行走系统组成

图 2-2 电动液压起升系统组成

2.1 电力拖动系统运动方程

在一个电力拖动系统中,电动机是处于稳定状态还是过渡状态,主要取决于电动机所产生的转矩 T 与负载转矩 T_L 是否平衡,其运行状态取决于电动机的机械特性和生产机械的机械特性。

当电动机与被拖动的生产机械在同一轴上、转速相同时,得到电力拖动系统的运动方程式：

$$T-T_{\mathrm{L}}=J\frac{\mathrm{d}\Omega}{\mathrm{d}t} \tag{2-1}$$

式中：T——电动机产生的拖动转矩（N·m）；

T_{L}——负载转矩（N·m）；

J——电动机轴上所有转动体的转动惯量（$\mathrm{N\cdot m\cdot s^2}$）；

Ω——电动机轴的角速度（rad/s）。

转动惯量也可以用下面公式表示：

$$J=m\rho^2=\frac{G}{g}\left(\frac{D}{2}\right)^2=\frac{GD^2}{4g} \tag{2-2}$$

式中：ρ——旋转体的惯性半径（m）；

D——旋转体的惯性直径（m）；

m——旋转体质量（kg）；

G——旋转体所受的重力（N）；

g——重力加速度（$\mathrm{m/s^2}$）。

由此得

$$GD^2=4Jg$$

GD^2 是表示物体飞轮矩这一物理量的符号，它作为一个整体物理量，称为飞轮惯量或飞轮矩。电动机的飞轮惯量在产品目录中给出。

角速度 Ω 可用下面公式表示：

$$\Omega=\frac{2\pi n}{60}$$

式中：n——拖动系统的转速（r/min）。

将 J 和 Ω 以 GD^2 和 n 表示，代入式(2-1)，可得在实际计算中常用的运动数值方程式为

$$T-T_{\mathrm{L}}=\frac{GD^2}{375}\frac{\mathrm{d}n}{\mathrm{d}t} \tag{2-3}$$

式中：375——具有加速度量纲的系数。

电动机的工作状态可分析运动方程式(2-3)：

(1)当 $T-T_{\mathrm{L}}=0$ 时，$\frac{\mathrm{d}n}{\mathrm{d}t}=0$，则 n 为常值，电力拖动系统处于稳定运转状态；

(2)当 $T-T_{\mathrm{L}}>0$ 时，$\frac{\mathrm{d}n}{\mathrm{d}t}>0$，电力拖动系统处于加速过渡过程状态中；

(3)当 $T-T_L<0$ 时，$\frac{dn}{dt}<0$，电力拖动系统处于减速过渡过程状态中。

2.2 生产机械的机械特性

生产机械运行时常用转矩标志其负载的大小。在电力拖动系统中存在着两个主要转矩：一个是生产机械的负载转矩 T_L，另一个是电动机的电磁转矩 T。这两个转矩与转速之间的关系分别为生产机械的机械特性 $n=f(T_L)$ 和电动机的机械特性 $n=f(T)$。由于电动机和生产机械是紧密相连的，它们的机械特性必须适当配合，才能得到合理的工作状态。因此，为了满足生产工艺过程要求，正确选择电力拖动系统，就需要了解生产机械的机械特性和分析电动机的机械特性。

不同类型的生产机械的机械特性也不同，一般可以归纳为以下几种类型。

1. 恒转矩负载特性

其负载转矩与速度无关，并始终保持为恒定值。例如，起重机、卷扬机、皮带运送机等，如图 2-3(a)所示。

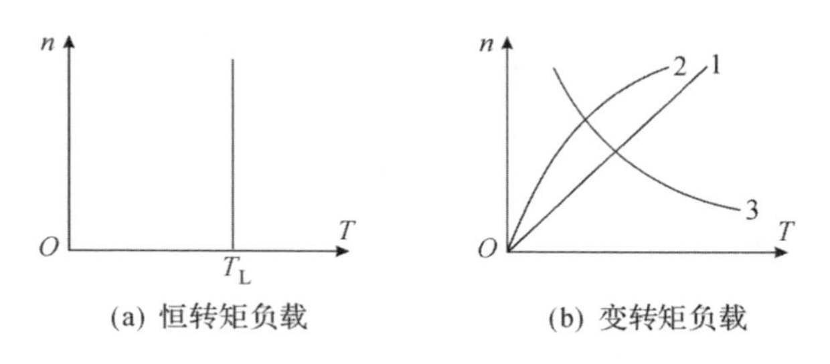

图 2-3 电动机的负载特性类型

2. 变转矩负载特性

其负载转矩随速度变化，根据变化规律不同，又可分为：

(1)负载转矩与速度成正比关系。例如，拖动直流他励发电机运转的电动机属于此类负载转矩，如图 2-3(b)中曲线 1 所示。

(2)负载转矩与速度的二次方成比例变化。例如，通风机、螺旋桨、水泵、液压泵等机械的负载转矩，均属于此类负载转矩，如图 2-3(b)中曲线 2 所示。

3.恒功率负载特性

负载转矩与转速成反比关系，但转矩与转速的乘积(功率)近似保持不变，因此，也称恒功率负载特性。例如，电动叉车、电动堆高车、电动搬运车、电动牵引车等电动工业车辆，均属此类负载转矩，如图 2-3(b)中曲线 3 所示。

2.3 电动机的机械特性

分析电动机的性能时，机械特性具有重要意义，多数电动机的机械特性是转速随转矩增加而下降，但是不同的电动机其下降程度不同。一般用机械特性硬度来评价电动机机械特性的变化程度。

所谓机械特性硬度，是指在机械特性曲线的工作范围内，某一点转矩对该点转速的导数，即

$$\beta=\frac{\mathrm{d}T}{\mathrm{d}n}\approx\frac{\Delta T}{\Delta n}$$

按照机械特性硬度概念，所有电动机的机械特性可以分类如下：

(1)绝对硬特性，如图 2-4 中曲线 1 所示，转矩变化，转速不变化，如同步电动机的机械特性。

(2)硬特性，如图 2-4 中曲线 2(直流他励电动机)和曲线 4(交流感应电动机)的斜直线部分所示，转矩变化，转速变化小。

(3)软特性，如图 2-4 中曲线 3 所示，转矩变化，转速下降幅度较大。如直流串励电动机(或强串弱并的直流复励电动机)，具有恒功率特性，起动转矩大，过载能力强，很适于做牵引性负载驱动，广泛应用于电动物流车辆。

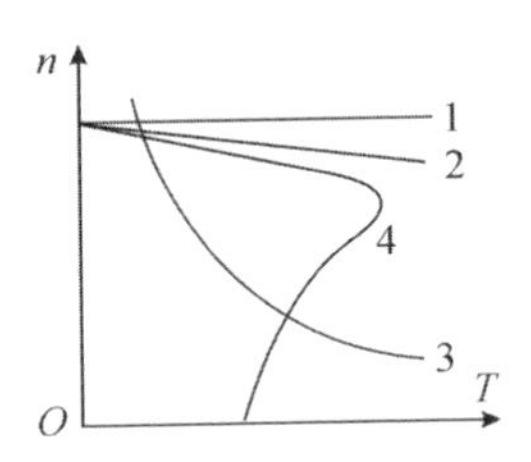

1—交流同步电动机；2—直流他励电动机；3—直流串励电动机；4—交流感应电动机

图 2-4　几种类型电动机的机械特性曲线

从提高物流车辆运行安全性出发，要求电动驱动系统的电动机具有软特性。当负载增大(如行驶阻力增大或上坡)时，运行速度自动降低；当负载减小时，运行速度又自动上升。

2.4 电动仓储设备交流电动机

电动仓储设备所使用的交流电动机有两种用途：一是提供车辆行驶驱动力；二是作为液压系统载荷起升用。这种交流电动机的供电源不是工频 50Hz 的三相交流电，而是利用车载蓄电池来供电的直流电。所以这是一种比较特殊的交流电动机，其特点如下。

1.交流电动机速度控制器

交流电动机速度控制器使交流电动机的供电与车载蓄电池作为供电源相匹配。这种控制器具有逆变器和变频器的功能，将蓄电池的直流电变换为电源频率 f 和电压有效值 U_1 可调的三相交流电。

2.交流电动机周期工作制定额

车辆行驶，电动机工作制定额为 60min；液压系统，电动机工作制定额为 10min，带载荷起升的持续率定额为 10min×15%。

3.交流电动机的额定电压 U_1 与蓄电池的电源电压(标称电压)相匹配

电动机在最高和最低工作电压下应能可靠工作。最高工作电压为总的串联蓄电池元件标称电压的 1.1 倍，最低工作电压为总的串联蓄电池元件标称电压的 0.75 倍。最高和最低工作电压的平均值，即为电动机的额定电压。标称电压与额定电压的对应关系见表 2-1。

表 2-1　标称电压与额定电压对应关系

蓄电池标称电压/V	24	36	48	72	80
电动机额定电压/V	22	33	45	67	74

4.交流电动机恒压频比调速

交流电动机转子的转速公式：

$$n=n_1(1-s)=\frac{60f}{p}(1-s) \tag{2-4}$$

式中：n_1——同步转速(转/min)；

f——电源频率(Hz)；

p——极对数；

s——转差率。

公式(2-4)也可写成：

$$f=\frac{pn}{60(1-s)} \tag{2-5}$$

仓储设备所用交流电动机均为 4 极($p=2$)，转差率 $s=0.02\sim0.06$。为方便计算，取 $s=0.04$。公式(2-5)可改写为：

$$f=\frac{2n}{60(1-0.04)}=\frac{n}{28.8}$$

当改变电源频率 f 时，交流电动机的同步转速 n_1 与频率 f 成正比变化，见公式(2-4)，从而使转速 n 也随着改变。但在实际工程中，仅仅改变电源频率还不能达到满意的调速特性。

交流电动机定子电压 U_1 与电源频率 f 以及气隙磁通 Φ 的关系式为

$$U_1\approx E=4.44fNK\Phi \tag{2-7}$$

式中：E——气隙磁通在定子每相绕组中，感应电动势的有效值(V)；

N——定子每相绕组串联导体数；

K——定子基波绕组系数。

实际工程中，常用 U_1 代替 E。式(2-7)可写成

$$\frac{U_1}{f}=4.44NK\Phi=C\Phi \tag{2-8}$$

式中：C——$4.44NK$，是电动机结构决定的系数；

Φ——磁通(Wb)。

要保持 U_1 与 f 的比值近似不变，必须保持磁通 Φ 近似不变，也要保持电动机转矩近似不变，因为转矩

$$T=K_1\Phi I\cos\varphi$$

式中：K_1——转子系数，为常数；

$I\cos\varphi$——转子电流及转子电路功率因数。

所以$\frac{U_1}{f}=$常数，就是两者比值不变的一种调速方式，叫恒压频比调速。

交流电动机恒压频比调速的控制特性见图 2-5。交流电动机的额定转速

n_N 对应的电源频率，称额定频率 f_N（基频）。

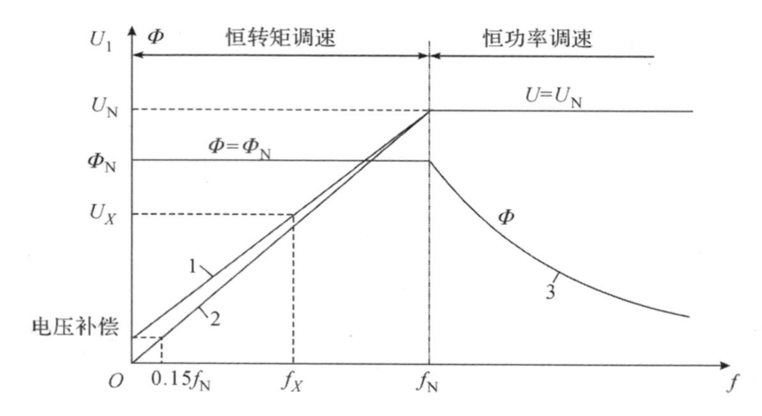

图 2-5　交流电动机恒压频比调速控制特性

（1）基频以下（$<f_N$）的恒压频比控制特性为恒转矩调速。当定子电压降低到较小时，定子漏阻抗压降不能忽视。为减小对 U_1/f 常数的影响，应采取补偿措施，把定子电压适当提高，补偿后控制特性如图 2-5 中的曲线 1 所示，恒转矩调速范围内的调频范围为 $0.15f_N \sim f_N$。

（2）基频以上（$>f_N$），控制特性如图 2-5 中的曲线 3 所示。当频率超过 f_N 时，定子电压不能超过额定电压 U_N，只能保持在 U_N，这将迫使磁通与频率成反比。转速升高，转矩降低（磁通减弱），基本上属于恒功率调速。所谓恒功率调速，是指在一定电流下，电动机输出功率的能力恒定，不随转速的变化而变化。恒功率调速的调频范围为 $f_N \sim 1.8f_N$。

2.5　电动机调速方式及调速指标的比较

直流电动机调速方式及调速指标见表 2-2，交流电动机调速方式及调速指标见表 2-3。

表 2-2 直流电动机调速方式及调速指标

电动机	调速方式		控制装置	调速范围	n变化率	平滑性	恒转矩恒功率	效率
直流电动机 $n=\frac{U-R_sI_s}{C\varepsilon\Phi}$	调电枢电压U	机组	电动机一发电机（放大机）	0～全速	小	平滑	恒转矩	60%～70%
		晶闸管供电	晶闸管整流装置	0～全速	小	平滑	恒转矩	80%～90%
	调励磁磁通Φ	电动机或机组	直流电源励磁变阻器	3∶1～5∶1	较大	平滑	恒功率	80%～90%
		晶闸管供电	晶闸管整流器	3∶1～5∶1	较大	平滑	恒功率	80%～90%
	调电枢电阻R	串电枢电阻	多级或平滑变阻器	2∶1	低速时大	不平滑	恒转矩	低

表 2-3 交流电动机调速方式及调速指标

电动机	调速方式		控制装置	调速范围	n变化率	平滑性	恒转矩恒功率	效率
交流电动机 $n=\frac{(1-s)\times 60f}{p}$	调转差率s	调定子电压	调压器晶闸管交流电压	1.5∶1～10∶1	低速时大	平滑或不平滑	恒转矩	低
		调转子电阻	多级或平滑变阻器	2∶1				
		转差离合器	励磁调节器	3∶1～10∶1				
		电气串级	硅整流器晶闸管逆变器	2∶1～4∶1	低速时大	平滑	恒转矩	较高
	调极对数p	变极对数	极数变换器	2∶1～4∶1	小	不平滑	恒转矩恒功率	高
	调频f	定子电压与频率协调控制	硅整流器晶闸管变频器	2∶1～10∶1	小	平滑	恒转矩恒功率	高

2.6 车辆动力学

由车辆动力学可知，车轴载荷决定了每个车轴上可以获得的滚动阻力、坡度阻力或附着力，直接影响车辆的加速性能、爬坡能力、最高车速和拖挂能力。

电动工业车辆动力性能的设计指标和影响因素与电动汽车有所不同，电动工业车辆的功能特点是重载、低速、短途作业，环境一般为室内仓库。电动仓储设备满载最高行驶速度 $V_{max} \leqslant 6km/h$，满载最大爬坡度为 5%～10%。电动叉车（三支点或四支点）满载最高行驶速度 $V_{max} \leqslant 16km/h$，满载最大爬坡度为 10%～20%。实验证明：当行驶速度 $V < 32km/h$，空气阻力可以忽略不计，滚动摩擦系数 μ 可视为常数。如图 2-6 所示为爬坡电动搬运车的受力分析。

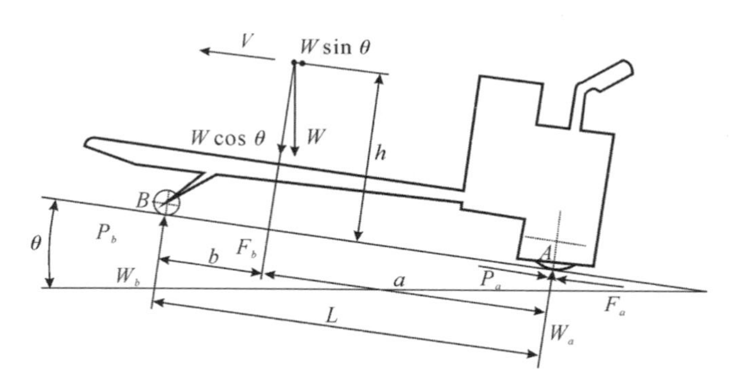

图 2-6 作用在电动搬运车上的各种力

图 2-6 中：

W——作用在电动搬运车合成重心上的总重力(N)，包括额定载重量、电动搬运车自重和蓄电池组重量；在坡度上 W 被分解为两个分量：垂直斜面的余弦分量 $W\cos\theta$，平行斜面的正弦分量 $W\sin\theta$；

W_a——驱动轮承受沿路面法向作用力，是总重力施加在驱动轮轴上的平衡反力(N)；

W_b——支承轮承受沿路面法向作用力，是总重力施加在支承轮轴上的平衡反力(N)；

F_a——驱动轮的牵引力(N)；

F_b——支承轮的牵引力(N)；

P_a——驱动轮的滚动阻力(N);

P_b——支承轮的滚动阻力(N);

V——行驶速度(km/h);

θ——坡度角(°)。

坡度是指“上升高度”与“行驶距离”的比值,即坡度角 θ 的正切值。坡度对前、后轮轴载荷的影响必须考虑,电动仓储设备的爬坡度为 10%,电动叉车的爬坡度为 20%,可以说坡度角是比较小的。

坡度: $\tan\theta \leqslant 20\%$

$\theta \leqslant \arctan 0.2 = 11.3°$

$\cos 11.3° = 0.98 \approx 1$

$\sin 11.3° = 0.196 \approx 0.2 = 20\%$

在坡度角小的情况下,坡度角的余弦值接近 1,正弦值接近坡度角本身,即

$$\cos\theta = 1 \tag{2-9}$$

$$\sin\theta = \theta \tag{2-10}$$

2.6.1 车轴载荷

车轴载荷的计算,可利用图 2-6 中驱动轮下 A 点的力矩平衡条件,计算 W_b:

$$W_b \times L = W \times \cos\theta \times a - W \times \sin\theta \times h \tag{2-11}$$

将 $\cos\theta=1$,$\sin\theta=\theta$ 代入式(2-11),有

$$W_b = W\left(\frac{a}{L} - \frac{h}{L}\theta\right) \tag{2-12}$$

同样利用支承轮下 B 点的力矩平衡条件,计算 W_a:

$$W_a \times L = W \times \cos\theta \times b + W \times \sin\theta \times h \tag{2-13}$$

将 $\cos\theta=1$,$\sin\theta=\theta$ 代入式(2-13),有

$$W_a = W\left(\frac{b}{L} + \frac{h}{L}\theta\right) \tag{2-14}$$

比较式(2-13)和式(2-14)可见,如图 2-6 所示,支承轮在前,驱动轮在后,为正坡度,导致载荷由支承轮轴向驱动轮轴转移。

如图 2-7 所示,载荷由驱动轮轴向支承轮轴转移,属于负坡度。

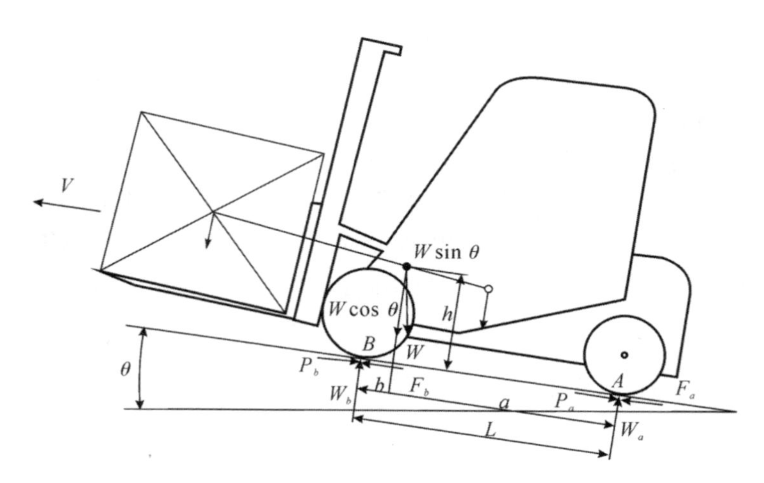

图 2-7 作用在电动叉车上的各种力

2.6.2 电动机转矩

车辆驱动力 F_1 与电动机转矩 T 的关系式：

$$F_1=\frac{Ti\eta}{r_d} \tag{2-15}$$

车辆行驶阻力 F_2 与滚动阻力和坡度阻力有关

$$\begin{aligned}F_2&=W_a\times\mu+W_b\times\mu+W\sin\theta\\&=W\left(\frac{b}{L}+\frac{h}{L}\theta\right)\mu+W\left(\frac{a}{L}-\frac{h}{L}\theta\right)\mu+W\sin\theta\\&=W\mu+W\theta=W(\mu+\theta)\end{aligned} \tag{2-16}$$

车辆驱动力与行驶阻力相平衡：

$$\frac{Ti\eta}{r_d}=W(\mu+\theta) \tag{2-17}$$

$$T=\frac{W(\mu+\theta)r_d}{i\eta} \tag{2-18}$$

式中：T——电动机转矩(N·m)；

μ——滚动阻力系数，取 0.02；

θ——坡度角(°)；

r_d——滚动半径(m)，橡胶轮胎：$r_d=0.97r$；

聚氨酯轮：$r_d=r$(r 为自由半径)；

i——总传动比，是驱动桥主传动比 i_1 和变速箱速比 i_2 的乘积：$i=i_1i_2$；

η——机械传动效率，一般为 0.85～0.9；

ψ——坡度阻力系数，$\psi=\mu+\theta$。

2.6.3　电动机转速

车辆行驶速度与电动机转速的关系式：

$$n=\frac{Vi}{0.377r_d} \tag{2-19}$$

式中：n——电动机转速(r/min)；

V——行驶速度(km/h)。

2.6.4　电动机功率

电动机功率与转矩关系式：

$$N=\frac{Tn}{9550} \tag{2-20}$$

式中：N——电动机功率(kW)。

2.7　三支点电动叉车有关性能参数验算

三支点电动叉车有关设计参数如下：

额定载重量	2000kg
整车自重(含蓄电池)	3430kg
驱动轮胎直径	450mm
平地空载行驶速度	14km/h
平地满载行驶速度	13km/h
坡度空载行驶速度	4km/h
坡度满载行驶速度	4km/h
空载爬坡度	14.5%
满载爬坡度	10.5%
总传动比 i	26.6

传动效率 η	0.9
蓄电池标称电压	36V
电动机额定电压 U_N	32V
电动机额定转速(4 极)	2890r/min
电动机额定功率 N_N	9kW
额定电流 I_N	107A
额定频率 f_N	100Hz
电动机效率 η_0	0.83
功率因素 $\cos\varphi$	0.88
S2 工作制定额	60min
滚动阻力系数 μ	0.02
坡度阻力系数 ψ	$\psi=\mu+\theta$

具体验算过程如下。

2.7.1 平地空载行驶

(1)电动机转速 n 为

$$n=\frac{V\times i}{0.377\times r_d}=\frac{14\times 26.6}{0.377\times 0.218}=4531(\text{r/min})$$

(2)电动机供电频率 f 为

$$f=\frac{n}{28.8}=\frac{4531}{28.8}=157(\text{Hz})$$

(3)电动机转矩 T 为

$$T=\frac{W\times\mu\times r_d}{i\times\eta}=\frac{3430\times 9.8\times 0.02\times 0.218}{26.6\times 0.9}=6.1(\text{N}\cdot\text{m})$$

(4)电动机功率 N 为

$$N=\frac{T\times n}{9550}=\frac{6.1\times 4531}{9550}=2.9(\text{kW})$$

(5)电动机定子线电流 I 为

$$I=\frac{N}{\sqrt{3}\times U_N\times\eta_0\times\cos\varphi}=\frac{2.9\times 1000}{1.732\times 32\times 0.83\times 0.88}=72(\text{A})$$

2.7.2 平地满载行驶

(1)电动机转速 n 为

$$n=\frac{V\times i}{0.377\times r_d}=\frac{13\times 26.6}{0.377\times 0.218}=4208\ (\text{r/min})$$

(2)电动机供电频率 f 为

$$f=\frac{n}{28.8}=\frac{4208}{28.8}=146(\text{Hz})$$

(3)电动机转矩 T 为

$$T=\frac{W\times\mu\times r_d}{i\times\eta}=\frac{5430\times 9.8\times 0.02\times 0.218}{26.6\times 0.9}=9.7(\text{N}\cdot\text{m})$$

(4)电动机功率 N 为

$$N=\frac{T\times n}{9550}=\frac{9.7\times 4208}{9550}=4.3(\text{kW})$$

(5)电动机定子线电流 I 为

$$I=\frac{N}{\sqrt{3}\times U_N\times\eta_0\times\cos\varphi}=\frac{4.3\times 1000}{\sqrt{3}\times 32\times 0.83\times 0.88}=106(\text{A})$$

2.7.3 空载坡度($\theta=14.5\%$)行驶

(1)电动机转速 n 为

$$n=\frac{V\times i}{0.377\times r_d}=\frac{4\times 26.6}{0.377\times 0.218}=1295(\text{r/min})$$

(2)电动机的供电频率 f 为

$$f=\frac{n}{28.8}=\frac{1295}{28.8}=45(\text{Hz})$$

(3)电动机转矩 T 为

$$T=\frac{W\times(\mu+\theta)\times r_d}{i\times\eta}=\frac{3430\times 9.8\times 0.165\times 0.218}{26.6\times 0.9}=51(\text{N}\cdot\text{m})$$

(4)电动机功率 N 为

$$N=\frac{T\times n}{9550}=\frac{51\times 1295}{9550}=6.9(\text{kW})$$

(5)电动机定子线电流 I 为

$$I=\frac{N}{\sqrt{3}\times U\times \eta_0\times \cos\varphi}=\frac{6.9\times 1000}{1.732\times 17\times 0.83\times 0.88}=321(\mathrm{A})$$

2.7.4 满载坡度(θ=10.5%)行驶

(1)电动机转速 n 为

$$n=\frac{V\times i}{0.377\times r_d}=\frac{4\times 26.6}{0.377\times 0.218}=1295(\mathrm{r/min})$$

(2)电动机供电频率 f 为

$$f=\frac{n}{28.8}=\frac{1295}{28.8}=45(\mathrm{Hz})$$

(3)电动机的转矩 T 为

$$T=\frac{W\times(\mu+\theta)\times r_d}{i\times\eta}=\frac{5430\times 9.8\times 0.125\times 0.218}{26.6\times 0.9}=61(\mathrm{N\cdot m})$$

(4)电动机功率 N 为

$$N=\frac{T\times n}{9550}=\frac{61\times 1295}{9550}=8.3(\mathrm{kW})$$

(5)电动机定子线电流 I

提示:基频以下运行时,恒压频比,当 f=45Hz 时,电压 U=17V,有

$$I=\frac{N}{\sqrt{3}\times U\times \eta_0\times \cos\varphi}=\frac{8.3\times 1000}{1.732\times 17\times 0.83\times 0.88}=386(\mathrm{A})$$

2.7.5 电动叉车在不同工况下电动机的性能

综合以上分析,电动叉车在不同工况下电动机的性能如表 2-4 所示。

表 2-4 不同工况下电动机的性能

工况	供电频率/Hz	转速/($\mathrm{r\cdot min^{-1}}$)	车速/($\mathrm{km\cdot h^{-1}}$)	转矩/(N·m)	电流/A	功率/kW	电动机电压/V
平地空载	157	4531	14	6.1	72	2.9	32
平地满载	146	4208	13	9.7	106	4.3	32
空载坡度 14.5%	45	1295	4	51	321	6.9	17
满载坡度 10.5%	45	1295	4	61	386	8.3	17

由验算结果可知，电动叉车在空载或满载平地行驶时，电动机工作在“连续工作区”，此时电动机工作在恒功率阶段，效率较高。当电动叉车以低转速大扭矩工作于斜坡上，则电动机工作在“间断工作区”，此时电动机工作在恒转矩阶段。在短时间内，每个电动机最大电流可达 386A，是额定电流的 3.6 倍左右，即使在这种情况下，也是允许的，因为电动机速度控制器，例如：科蒂斯 1236－44××，2 分钟运行电流允许达到 400A；科蒂斯 1236－45××，2 分钟运行电流允许达到 500A。

3　电动仓储设备

电动仓储设备是省力、高效、操作轻便的仓储搬运设备，其主要包括电动搬运车、电动堆高车、前移式电动叉车、平衡重电动叉车(包括三支点和四支点)、电动牵引车等。电动仓储设备的行走由牵引电动机驱动，货叉起升由电动液压驱动，货叉下降借自重。

3.1　手动搬运车

手动搬运车(见图 3-1)是在当今世界各国使用量最大、最普遍的一种搬运工具，通常与承载货物的托盘配合使用，实现货物的水平搬运。

图 3-1　手动搬运车

手柄是推拉搬运车移动或转向的牵引杆，手柄上下摆动，还可给液压千斤顶往复泵油，活塞杆顶起货叉架的固定铰支点，使货叉在水平状态下升起(120mm到位)，将货叉上的托盘和货物的重量由地面支承转移到搬运车上。到达目的地后，通过卸荷手柄使货叉下降，托盘与货物重新放在地上。

手动油泵驱动活塞杆，带动以杠杆作用原理设计的传动机构，能轻而易举地将2吨多重物举起并能锁住，实现单人能拉动重量为自己体重约28倍的重物，水平搬运货物。

3.2　步行式1.3吨电动搬运车

步行式1.3吨电动搬运车(见图3-2)是一种实用、省力、高效、经济的电动搬运工具。它是电动与手动两个不同系列产品之间的融合和创新，充分吸收了电动的省力、高效和手动结构的简洁、巧妙。

图3-2　步行式1.3吨电动搬运车

作为成功的原创型产品，经济型EPT20-13ET步行式1.3吨电动搬运车，由于市场和用户群的迅速扩大、质量信息的反馈，产品的质量和性能不断地得到完善和提升。

3.3 【实例】步行式 1.3 吨电动搬运车设计验算

步行式 1.3 吨电动搬运车技术参数如下：

额定载重量	1300kg
载荷中心距	600mm
轴距	1250mm
自重(含蓄电池)	205kg
轴载荷，满载：支承轮轴/驱动轮轴	1005/500kg
空载：支承轮轴/驱动轮轴	25/180kg
货叉尺寸：高×宽×长	55mm×150mm×1150mm
货叉外宽：窄/宽	560/685mm
驱动轮尺寸：直径×宽	210mm×70mm
承载轮尺寸：直径×宽	82mm×60mm
传动比	24∶1
机械传动效率	0.85
货叉最小高度	85mm
货叉最大行程	120mm
行驶速度：满载/空载	4/4km/h
起升速度：满载/空载	0.051/0.060m/s
爬坡度：满载/空载	5%/10%
制动	电磁式
牵引电动机功率	0.65kW
油泵电功机功率	0.40kW
蓄电池电压/容量	24V/60A·h
蓄电池重量	30kg
牵引电动机控制器类型	直流 DC 柯蒂斯 CURTIS

【解】根据图 3-3 结构尺寸和相关技术参数中满载时轴载荷分配，便可计算自重与额定载重量的合成重心位置 O(x 轴向)，见图 3-4，其中 L 是最大起升高度时的轴距，已知满载时支承轮轴与驱动轮轴载荷，即可计算出 a 和 b。

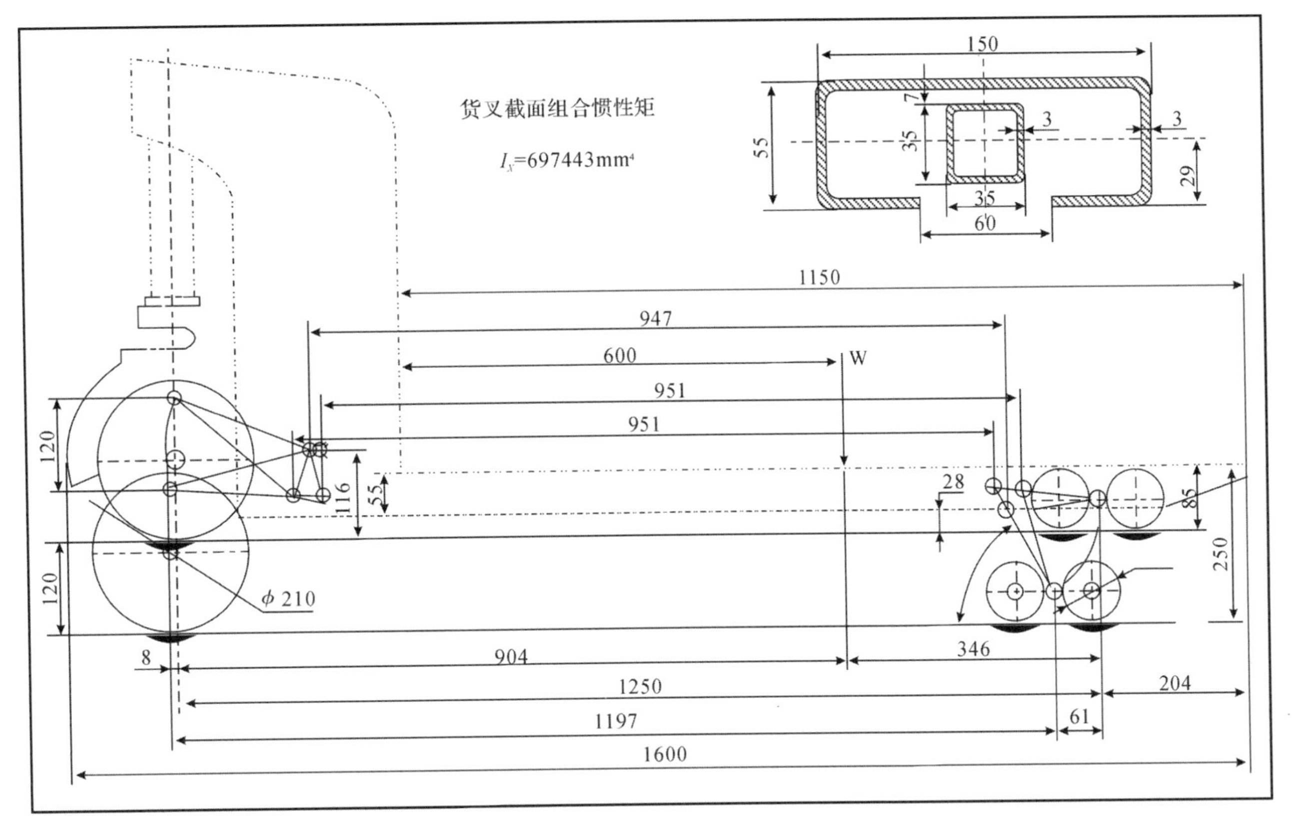

图3-3 步行式1.3吨电动搬运车结构尺寸图

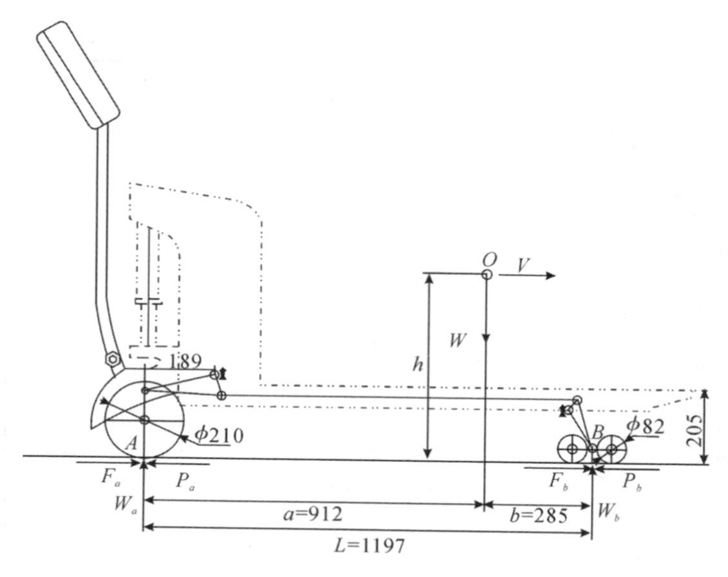

图 3-4　步行式 1.3 吨电动搬运车计算简图

图 3-4 中：W——自重与额定载荷之和(N)；

W_a——地面对驱动轮轴载荷的支承反力(N)；

W_b——地面对支承轮轴载荷的支承反力(N)；

P_a——驱动轮的滚动阻力(N)；

P_b——支承轮的滚动阻力(N)；

F_a——驱动轮的牵引力(N)；

F_b——支承轮的牵引力(N)；

h——合成重心至地面高度(mm)；

V——行驶速度(km/h)；

θ——坡度角(%)。

3.3.1　平地满载行驶

(1)电动机转矩 T_L 为

$$T_L=\frac{W\times\mu\times r}{i\times\eta}=\frac{(1300+205)\times9.8\times0.02\times0.105}{24\times0.85}=1.52(\mathrm{N\cdot m})$$

(2)电动机转速 n 为

$$n=\frac{V\times i}{0.377\times r}=\frac{4\times24}{0.377\times0.105}=2425(\mathrm{r/min})$$

(3)电动机行驶功率 N 为

$$N=\frac{T_L\times n}{9550}=\frac{1.52\times 2425}{9550}=0.386(\text{kW})$$

(4)电动机预选功率 N_y 为

$$N_y=K\times N=1.6\times 0.386=0.62(\text{kW})<0.65(\text{kW})$$

式中:μ——滚动阻力系数,取 0.02;

η——机械传动效率,取 0.85;

K——电动机过载系数,取 1.6。

3.3.2 坡度满载行驶

1.3 吨电动搬运车坡度计算简图见图 3-5。

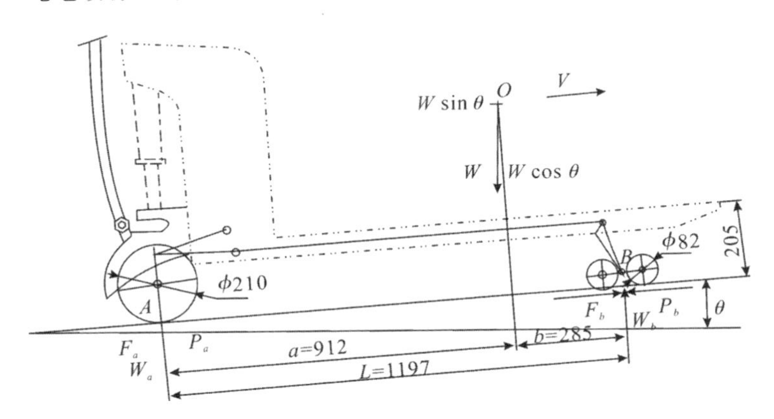

图 3-5 1.3 吨电动搬运车坡度计算简图

(1)电动机转矩 T'_L 为

$$T'_L=\frac{W\times\psi\times r}{i\times\eta}=\frac{1505\times 9.8\times(0.02+0.05)\times 0.105}{24\times 0.85}=5.3(\text{N}\cdot\text{m})$$

(2)电动机额定功率[N]不变的转速 n' 为

$$n'=\frac{[N]\times 9550}{T'_L}=\frac{0.65\times 9550}{5.3}=1171(\text{r/min})$$

(3)满载坡度行驶速度 V' 为

$$V'=\frac{n'\times 0.377\times r}{i}=\frac{1171\times 0.377\times 0.105}{24}=1.93(\text{km/h})$$

3.3.3 主要构件受力分析

图 3-6 中驱动轮架和支承轮架均处于货叉起升到位状态，起升油缸轴向载荷最大。W_b 为地面对满载电动搬运车支承轮轴载荷的反力，P_0 为长连杆对两轮架铰接点的平衡反力，P_W 为起升油缸的载荷。

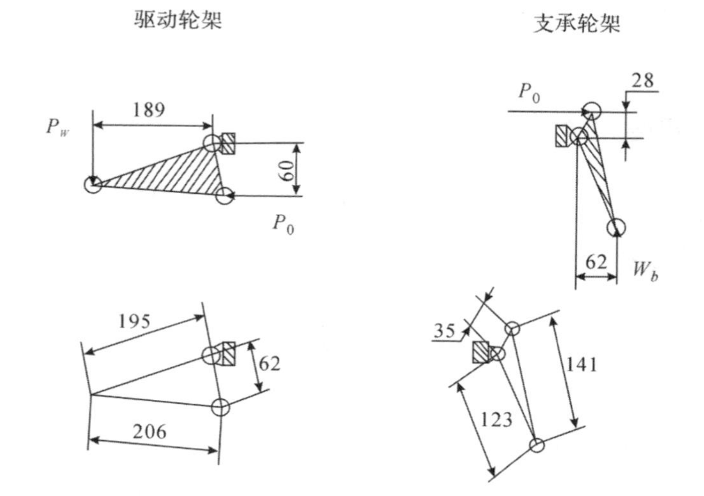

图 3-6 驱动轮架及支承轮架受力分析

$$P_0=\frac{K_D\times W_b\times 62}{28}=\frac{1.25\times 1005\times 9.8\times 62}{28}=27261(\mathrm{N})$$

$$P_W=\frac{P_0\times 60}{189}=\frac{27261\times 60}{189}=8654(\mathrm{N})$$

式中：K_D——动荷系数，$K_D=1.25$。

3.3.4 电动液压系统参数验算

(1)起升到位时油压(已知油缸缸径为 30mm)

$$\rho=\frac{P_W}{\frac{\pi D^2}{4}}=\frac{4P_W}{\pi D^2}=\frac{4\times 8654}{3.1416\times 30^2}=12.24(\mathrm{MPa})=122.4(\mathrm{bar})$$

(2)满载起升到位油缸容积变化

$$q=\frac{\pi\times D^2}{4}\times 12=\frac{3.1416\times 3^2}{4}\times 12=84.82(\mathrm{cm}^3)$$

(3)满载到位时间

$$t=\frac{H}{V}=\frac{0.12}{0.051}=2.4(\mathrm{s})$$

其中:行程 $H=0.12\mathrm{m}=120\mathrm{mm}$,$V=0.051\mathrm{m/s}$ 为满载起升速度。

(4)油泵流量

$$Q=\frac{q}{t}\times 60=\frac{84.82}{2.4}\times 60=2121(\mathrm{cm^3/min})=2.121(\mathrm{L/min})$$

(5)油泵电动机功率

$$N=\frac{p\times Q}{612}=\frac{120\times 2.121}{612}=0.416(\mathrm{kW})>0.4(\mathrm{kW})$$

可见,误差小于5%,油泵电动机功率0.4kW是允许的。

3.3.5 货叉强度及刚度验算

最大弯矩(见图3-3)为

$$M_{\max}=K_D\times W_b\times b=1.25\times 1005\times 9.8\times 285=3508706(\mathrm{N\cdot mm})$$

最大正应力为

$$\sigma_{\max}=\frac{M_{\max}\times y_{\max}}{2\times I}=\frac{3508706\times 29}{2\times 697443}=73(\mathrm{MPa})<[\sigma]$$

许用应力$[\sigma]$: Q235A$[\sigma]=170\mathrm{MPa}$,16Mn$[\sigma]=230\mathrm{MPa}$。

根据货叉的载荷和支承的特点(见图3-4),货叉最大挠度计算公式为

$$f_{\max}=\frac{K_D\times W'\times b}{9EI_x\times L}\times\sqrt{\frac{(a^2+2ab)^3}{3}}$$

$$=\frac{1.25\times 1300\times 9.8\times 285}{9\times 2.1\times 10^5\times 2\times 697443\times 1197}\times\sqrt{\frac{[(912)^2+2\times 912\times 285]^3}{3}}$$

$$=1.3(\mathrm{mm})<[f]=\frac{L}{400}=\frac{1197}{400}=2.99(\mathrm{mm})$$

式中:W'——额定载重量(N)。

3.4 乘驾式2吨电动搬运车

乘驾式2吨电动搬运车(见图3-7)由前车架、后车架、电动行走系统、电动起升系统、电控和操纵手柄、蓄电池组、踏板及护臂等组成。后车架安装驱动轮(也是转向轮),前车架货叉下支腿安装支承轮。支承轮通过长连杆和下连杆与后车架铰接。

图3-7 乘驾式2吨电动搬运车

3.4.1 【实例】电动搬运车动力计算

电动搬运车:载重2000kg,自重(蓄电池、车辆、人)535kg,驱动轮轴荷830kg,承载轮轴荷1705kg,驱动轮直径250mm,承载轮直径82mm,平地行驶速度满载5.5km/h,空载6km/h。最大爬坡度,满载8%,空载20%。传动比24∶1,传动效率0.9,牵引电动机功率$N=1.4$kW,滚动摩擦系数$\mu=0.02$,坡度阻力系数$\psi=0.1$(坡度8%)。图3-8中,$L=1232$mm,$a=829$mm,$b=403$mm,$h=630$mm。

计算电动搬运车满载平地行驶时,电动机的转矩T_L,电动机转速n,牵引电动机功率N;满载最大坡度行驶时,电动机的转矩、转速以及行驶速度。

【解】

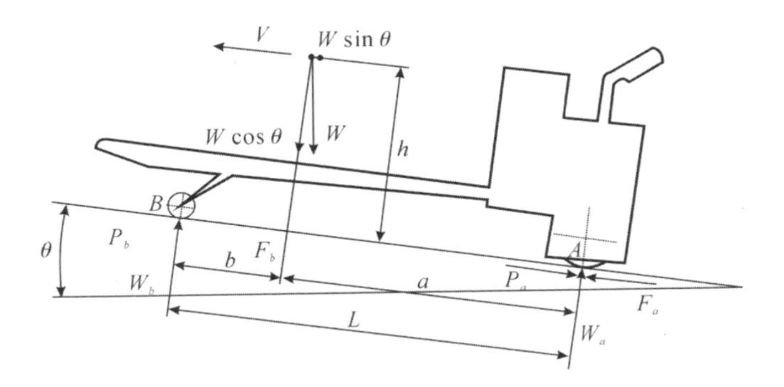

图 3-8 电动搬运车坡度受力分析图

(1)满载平地行驶时电动机转矩

$$T_L=\frac{W\times\mu\times r}{i\times\eta}=\frac{(2000+535)\times 9.8\times 0.02\times 0.125}{24\times 0.9}=2.88(\mathrm{N\cdot m})$$

电动机转速

$$n=\frac{V\times i}{0.377\times r}=\frac{5.5\times 24}{0.377\times 0.125}=2801\ (\mathrm{r/min})$$

电动机行驶功率

$$N=\frac{T_L\times n}{9550}=\frac{2.88\times 2801}{9550}=0.84(\mathrm{kW})$$

电动机预选功率

$$N_y=KN=1.6\times 0.84=1.344(\mathrm{kW})<1.4(\mathrm{kW})$$

(2)满载最大坡度行驶电动机转矩

$$T'_L=\frac{W\times\psi\times r}{i\times\eta}=\frac{2535\times 9.8\times 0.1\times 0.125}{24\times 0.9}=14.38(\mathrm{N\cdot mm})$$

电动机转速(额定功率不变)

$$n=\frac{9550\times N}{T'_L}=\frac{9550\times 1.4}{14.38}=930\ (\mathrm{r/min})$$

满载爬坡的行驶速度

$$V=\frac{0.377\times n\times r}{i}=\frac{0.377\times 930\times 0.125}{24}=1.83(\mathrm{km/h})$$

3.4.2 电动搬运车液压传动起升机构受力分析

在图 3-9 中，$\triangle BCD$ 为支承轮架，DE 为长连杆，$\triangle EGF$ 为下连杆。固定铰支点 C 在前车架上，固定铰支点 G 在后车架上。

$FG=KH$，$FK=GH$，$GFKH$ 为平行四边形结构。固定铰支点 F 和 K 在前车架上，固定铰支点 G 和 H 在后车架上。当位于后车架的液压油缸活塞杆伸出时，顶起带蓄电池箱的前车架起升，$\triangle EGF$ 绕 G 点做顺时针向转动，承载轮架在长连杆 ED 拉动下，绕 C 点做逆时针向转动，货叉架连同货物的前车架升起到位。在整个起升过程中，E 点绕 G 点为圆心、EG 为半径做圆弧运动。起升开始时(货叉处在低位状态)，承载轮在长连杆作用下向前移动，当 D、E、G 三点成一线时，承载轮停止前移，接着承载轮向后移动，直到货叉架升起到位。

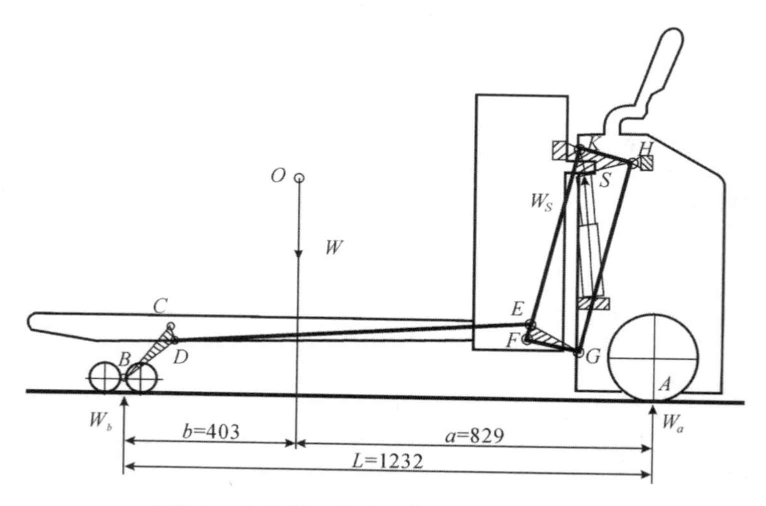

图 3-9 电动搬运车液压传动起升机构原理图

图 3-9 中：

O——货物与蓄电池及前车架的合成重心；

W——货物与蓄电池及前车架的总载荷(N)；

W_a——驱动轮承受地面法向作用力(驱动轮轴载荷之反力)(N)；

W_b——承载轮承受地面法向作用力(承载轮轴载荷之反力)(N)；

W_S——起升油缸轴向推力(N)。

(1)主要构件受力分析

电动搬运车的承载轮架、长连杆、下连杆等均为主要受力构件。轮架及下连杆采用优质铸钢件,经热处理改善其机械和加工性能。长连杆是个受力大的焊接件,采用16Mn钢材制造。它们的受力图如图3-10至图3-12所示。

图3-10　长连杆两端受轴向拉力平衡图

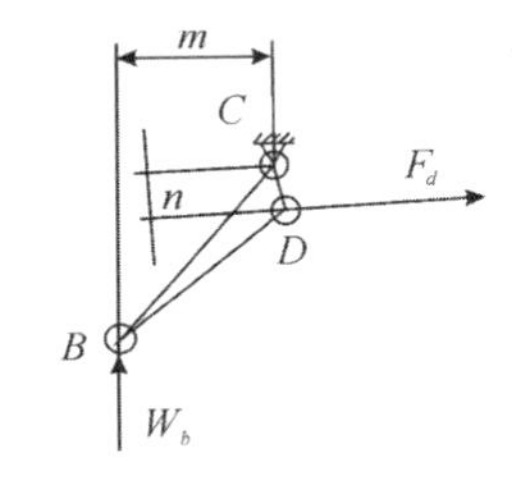

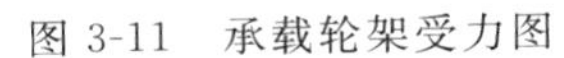
图3-11　承载轮架受力图

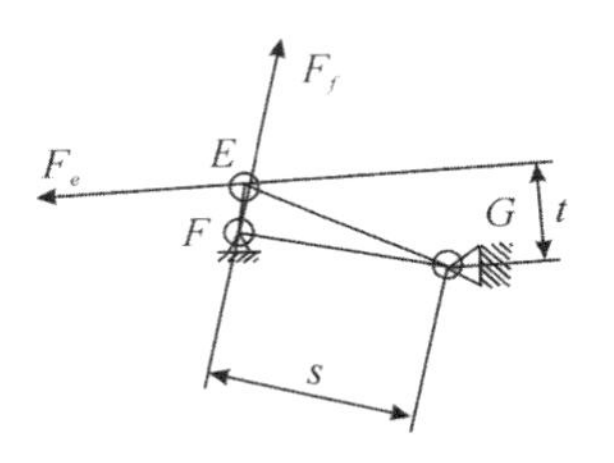

图3-12　下连杆受力图

在图3-10、图3-11、图3-12中:

W_b——支承轮架轴载荷(反力)(N);

m——W_b 至 C 点的力臂(m);

F_d——长连杆在支承轮架 D 点的平衡反力(N);

n——F_d 至 C 点的力臂(m);

F_e——长连杆在下拉杆 E 点的平衡反力(N);

t——F_e 至 G 点的力臂(m);

F_f——平行四边形 $KFGH$ 在下连杆 F 点的平衡反力(N);

s——F_f 至 G 点的力臂(m)。

根据图3-9可列出力矩平衡方程式

$$F_d \times n = W_b \times m$$

$$F_d = \frac{W_b \times m}{n} \tag{3-1}$$

根据图3-12可列出力矩平衡方程式

$$F_f \times s = F_e \times t$$

由于 $F_d = F_e$,故

$$F_f = \frac{F_d \times t}{s} \tag{3-2}$$

在图 3-13 中：

W_S——起升油缸轴向推力(N)；

k——W_S 至 H 点的力臂(m)；

F_k——作用在 K 点的反力(N)；

h——F_k 至 H 点的力臂(m)。

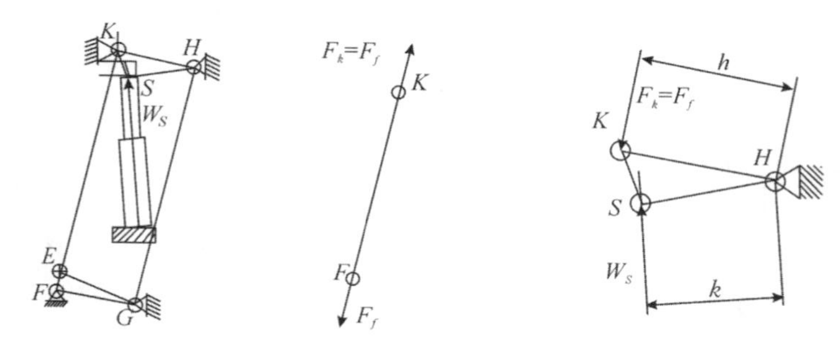

图 3-13 起升油缸推力计算图

根据图 3-13 可列出力矩平衡方程式：

$$W_S \times k = F_k \times h$$

$$W_S = \frac{F_k \times h}{k} = \frac{F_f \times h}{k} \tag{3-3}$$

3.4.3 【实例】电动搬运车液压起升动力计算

载重量为 2000kg 的步行式电动搬运车，前车架及蓄电池重量为 535kg。单起升油缸活塞杆直径为 45mm，活塞杆行程为 130mm。油泵电动机功率为 1kW，满载起升速度为 0.035m/s。验算电动液压泵站是否符合产品技术要求。

【解】有关参数见图 3-8。

处于高位时，承载轮架受力、下连杆受力、油缸推力计算图见图 3-14。

(1)承载轮架轴荷

$$W_b = W \times \frac{a}{L} = 2535 \times 9.8 \times \frac{829}{1232} = 16716.6(\text{N})$$

(2)长拉杆在 D 点的反力

$$F_d = \frac{W_b \times m}{n} = \frac{16716.6 \times 116.8}{37.3} = 52345.8(\text{N})$$

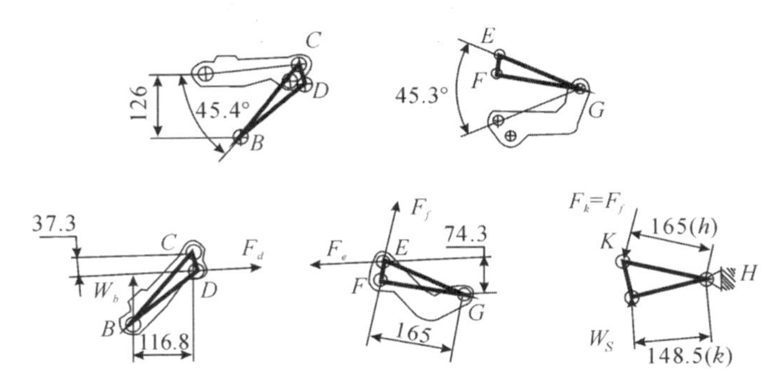

图 3-14 承载轮架受力、下连杆受力、油缸推力计算图

(3)下连杆在 F 点支反力($F_d=F_e$)

$$F_f=\frac{F_d\times t}{s}=\frac{52345.8\times 74.3}{165}=23571(\mathrm{N})$$

(4)油缸轴向推力

$$W_S=\frac{F_k\times s}{k}=\frac{F_f\times s}{k}=\frac{23571\times 165}{148.5}=26190(\mathrm{N})$$

(5)油缸起升到位时的油压

$$\rho=\frac{W_S}{\frac{\pi\times d^2}{4}}=\frac{4\times W_S}{\pi\times d^2}=\frac{4\times 26190}{3.1416\times(45)^2}=16.47(\mathrm{MPa})=164.7(\mathrm{bar})$$

(6)满载起升到位(活塞杆行程 130mm)油缸容积变化

$$q=\frac{\pi\times d^2}{4}\times 13=\frac{3.1416\times(4.5)^2}{4}\times 13=206.7(\mathrm{cm}^3)$$

(7)满载起升到位的时间

$$T=\frac{0.13}{0.035}=3.7(\mathrm{s})$$

(8)油泵的流量

$$Q=\frac{q}{S}\times 60=\frac{206.7\times 60}{3.7}=3352(\mathrm{cm}^3/\mathrm{min})=3.352(\mathrm{L/min})$$

(9)油泵电动机功率验算

$$N=\frac{\rho\times Q}{612}=\frac{164.7\times 3.352}{612}=0.9(\mathrm{kW})<1(\mathrm{kW})$$

通过上述一系列的计算和校验,该电动液压泵站基本符合产品的技术要求。

3.5 电动搬运车的主通道与侧通道

电动搬运车(包括其他电动仓储设备)的主通道和侧通道的几何作图如图 3-15 所示。

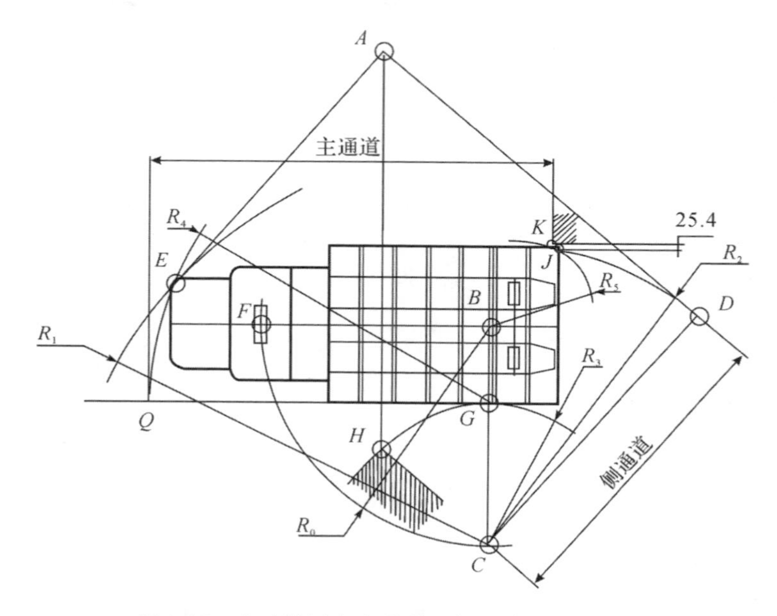

图 3-15 电动搬运车主通道及侧通道的几何作图

图 3-15 中,B 点是电动搬运车起升到位后转弯时的回转中心(承载轮轴纵向后移)。F 点是转向轮立轴回转中心,以 B 点为圆心,BF 为半径,作圆弧 R_0 与 B 点垂直线相交于 C 点。$BF=BC$,且 $BF \perp BC$。

以 B 为圆心,BK 为半径作圆弧 R_5 与 R_2 相交于 J 点。K 与 J 两点的水平距离为 25.4mm。BC 与托盘侧边相交于 G 点,以 C 为圆心,CG 为半径,作圆弧 R_3。以 G 点为圆心,GE 为半径,作圆弧 R_4 与托盘侧边相交于 Q 点。以 C 点为圆心至踏板最远点 E 的连线 CE 为半径,作 R_1 圆弧。以 C 为圆心至托盘角 J 点的连线 CJ 为半径,作 R_2 圆弧。在 E 点作与 R_1 圆弧相切的切线,从 C 点作与切线平行的直线,与 R_2 圆弧相交于 D 点,在 D 点作与 R_2 圆弧相切的切线。E、D 两点的切线相交于 A 点。过 A 点作垂直于 BF 的直线与圆弧 R_3 相交于 H 点。CD 即为与主通道交叉的侧通道。

3.6　电动堆高车

电动堆高车(见图3-16)主要用于仓储货物的堆垛装卸和搬运作业。与电动搬运车相比,在功能结构上增加了门架和货叉架。门架有单级、二级和三级之分,货叉提升高度为1600～4500mm。提升油缸有单缸和双缸,载重量通常为1000～2000kg,操作方式有步行式和踏板式(乘驾式)。

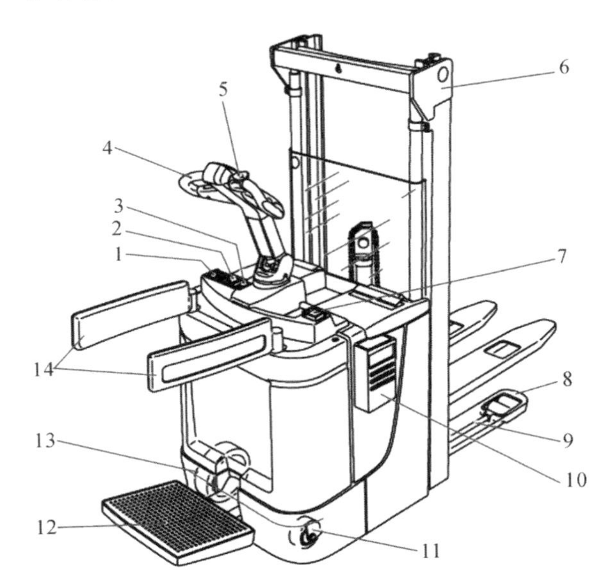

1—键盘;2—显示器;3—钥匙开关;4—控制柄;5—控制器;
6—门架上起吊用机架;7—总开关;8—承载轮架;9—起升连杆;
10—充电器;11—平稳支撑轮;12—可折叠踏板;13—驱动轮;14—安全护臂

图3-16　电动堆高车

3.6.1　门架受力分析

门架是电动堆高车和电动叉车的重要承载部件,它是承载货物升降的导向立柱。其刚度、强度和稳定性直接关系到电动堆高车操作的安全性。因此,采用正确有效的方法分析门架的力学特性,是电动仓储设备设计的重点之一,对保证电动堆高车安全高效作业具有重要意义。

门架作为一个系统，通过受力分析可以分解为三个受力的平衡系统：货叉架、起升油缸、门架。

图 3-17(a)在电动堆高车处于满载、最大起升高度、纵向最大允许前倾角的情况下，为求得在 G 的作用下三个子系统的受力情况，必须把堆高车整个受力系统从铰接点处拆开，形成图 3-17(b)货叉架受力平衡系统、图 3-17(c)起升油缸与起重链受力平衡系统、图 3-17(d)门架受力特性及受力平衡系统。

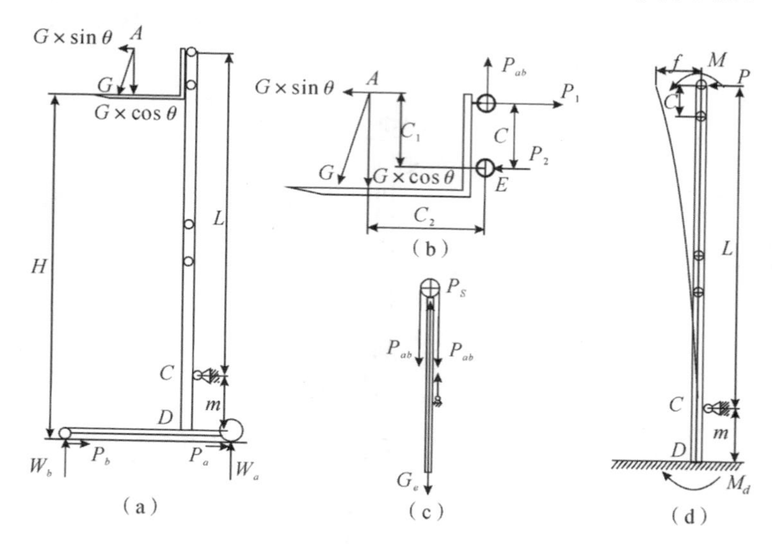

图 3-17　电动堆高车门架受力分析图

图 3-17 中：

G——载重量及货叉架重量(N)；

A——载重量及货叉架组合重心；

W_a——驱动轮轴荷反力(N)；

W_b——承载轮轴荷反力(N)；

P_a——驱动轮滚动阻力(N)；

P_b——承载轮滚动阻力(N)；

θ——满载最大起升高度时，货叉纵向允许最大前倾角(%)；

P_{ab}——起重链提升货叉架的起重力(N)；

P_1——作用在货叉架上滚轮的水平反力(N)；

P_2——作用在货叉架下滚轮的水平反力(N)；

P_S——起升油缸推力，$P_S=2\times P_{ab}+G_e$(N)；

G_e——连接链条滚轮座的内门架重量(N);

f——门架的挠度(mm);

P——独立作用在上滚轮上的作用力(N),$P=P_1-P_2$;

M——作用在门架顶端的力偶矩(N·mm),$M=P_2\times C$;

M_d——外门架固定端约束反力偶矩(N·mm);

F_d——外门架固定端约束反力(N)。

3.6.2 门架刚度计算的简化

门架是一个空间结构,受多种力作用,并不都在同一平面内。但门架是以纵轴面为对称平面的对称结构,载荷重心与对称面基本重合,为简化计算,按平面力系来处理。

外载荷的力学特性对门架设计计算及门架槽钢截面结构的选择非常重要。门架的主要外载荷是力偶矩而非集中作用力,是作用在门架顶端、门架纵向对称平面内、向前倾转的力偶矩和一个不大的集中力作用在上滚轮水平位置,与力偶矩同向对门架产生弯曲作用。如果外门架抗弯截面系数 W_X 能满足门架刚度的技术经济要求,则中、内门架的横截面有两种可能:一是外、中、内门架槽钢横截面的尺寸结构是相同的;二是按等强度原理,即中门架的最大正应力等于外门架的最大正应力,内门架的最大正应力等于中门架的最大正应力,则中、内门架梁的横截面结构尺寸与外门架可能会有不同。为简化计算,二级或三级门架的惯性矩 I_X 和抗弯截面系数 W_X 均按外门架为准。

由于门架的固定结构不同,故门架刚度计算的公式也不同。

3.6.3 货叉最大前倾角 θ 的确定

从门架系统受力分析可以看出,货叉纵向最大前倾角 θ 与门架设计计算中门架顶端外载荷 M 及 P 的确定有关。前倾角 θ 由三部分组成:

(1)国家标准《工业车辆稳定性试验》(GB/T 26949.7—2016)中的纵向稳定性试验,试验平台倾斜度 4%(2.29°)。

(2)满载最大起升高度,门架许用挠度 $\left[\frac{f}{H}\right]\leqslant\frac{1}{100}$,即挠度与起升高度之比,门架前倾 1%(0.572°)。

(3)满载最大起升高度,货叉许用挠度$\left[\frac{y}{l}\right]\leqslant\frac{1}{50}$,即货叉头部的挠度与货叉长度之比,货叉前倾 2%(1.14°)。

综上所述:$\tan\theta=\tan(4\%+1\%+2\%)=\tan 7\%$

$$\theta=\arctan 0.07=4°$$

3.6.4 门架槽钢的截面及内外门架的组合

根据门架的受力分析和力学特性,为了使门架有足够的抗弯强度和符合设计规范的允许挠度,应该从技术经济的综合效果来考量。选择合理的截面形状尺寸,可以用较小的截面积得到较大的抗弯截面系数(见表 3-1)。内外门架的组合形式见图 3-18。

表 3-1 常用门架槽钢截面的W_X/A值

截面形状	截面高 h/mm	抗弯截面系数 $W_X/(\mathrm{mm}^3)$	截面积 $A/(\mathrm{mm}^2)$	W_X/A (mm)
J 型	121.3	80709	3213	25.1
C 型	121.3	81285	2661	30.5
H 型	121.3	121563	3613	33.6

从表 3-1 可以看出,三种截面形状如果高度相等,H 型单位截面积的抗弯截面系数 W_X 最大,C 型第二,J 型第三。

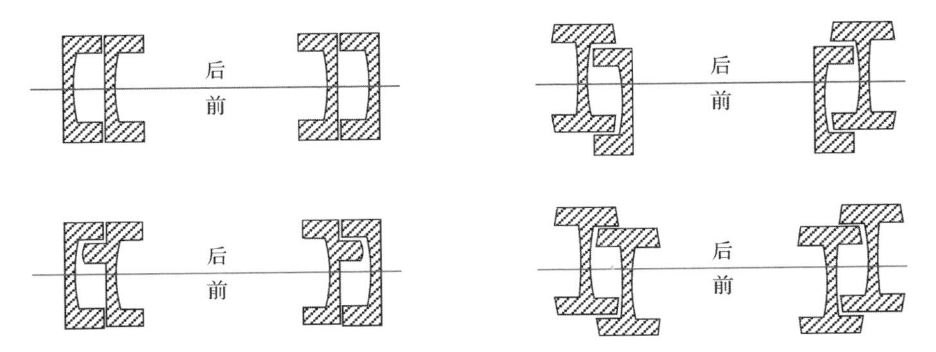

图 3-18 内外门架的组合形式

3.6.5 电动堆高车门架刚度计算

门架槽钢的截面尺寸通常是由门架的刚度条件决定的。所谓门架的刚度条件，是指在额定载荷、额定起升高度，货叉前倾到允许最大角度时，门架顶端的水平位移 f（即门架挠度）应小于允许值$[f]$。如图 3-19 所示为门架受外载荷作用计算简图。

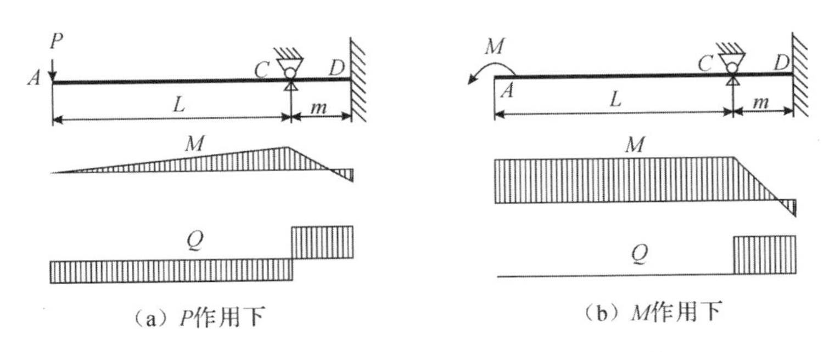

图 3-19 电动堆高车门架受外载荷作用计算简图

图 3-19 中，在 P 作用下：

AC 区段：　剪力 $Q_{AC}^{P}=-P$

弯矩 $M_{AC}^{P}=-P\times L$

挠度 $f_{A}^{P}=\dfrac{PLm^{2}}{12EI_{X}}\left(3+4\times\dfrac{L}{m}\right)$

CD 区段：　剪力 $Q_{CD}^{P}=\dfrac{3PL}{2m}$

弯矩 $M_{CD}^{P}=-P\times x+\dfrac{P}{2}\left(2+3\times\dfrac{L}{m}\right)\times(x-L)$

图 3-19 中，在 M 作用下：

AC 区段：　　剪力 $Q_{AC}^{M}=0$

弯矩 $M_{AC}^{M}=-M$

挠度 $f_{A}^{M}=\dfrac{MLm}{4EI_X}\left(1+2\times\dfrac{L}{m}\right)$

CD 区段：　　剪力 $Q_{CD}^{M}=\dfrac{3M}{2m}$

弯矩 $M_{CD}^{M}=\dfrac{P}{2}\left(2+3\times\dfrac{L}{m}\right)\times(x-L)-M$

从图 3-19 可见，在 P 及 M 作用下，最大弯矩和最大剪力均集中在门架梁的 C 点。用叠加方法即得到下列计算公式：

(1)门架最大挠度

$$f_{\max}=f_{A}^{P}+f_{A}^{M}=\frac{PL^2m}{12EI_X}\left(3+4\times\frac{L}{m}\right)+\frac{MLm}{4EI_X}\left(1+2\times\frac{L}{m}\right) \tag{3-4}$$

(2)门架最大弯矩

$$M_{\max}=M_{AC}^{P}+M_{AC}^{M}=-(P\times L+M) \tag{3-5}$$

(3)门架最大剪力

$$Q_{\max}=Q_{CD}^{P}+Q_{CD}^{M}=\frac{3PL}{2m}+\frac{3M}{2m} \tag{3-6}$$

式中：E——材料的弹性模量，$E=2.1\times10^5\,\text{MPa}$；

I_X——外门架梁横截面对 x 轴的惯性矩(mm^4)。

3.6.6 电动堆高车门架强度校核

在门架梁的计算中，必须同时满足正应力和剪应力两个强度条件。

正应力强度条件　　$\sigma_{\max}=\dfrac{M_{\max}}{W_X}\leqslant[\sigma]$

剪应力强度条件　　$\tau_{\max}=\dfrac{Q_{\max}}{S}\leqslant[\tau]$

式中：S——腹板剖面线部分的截面积(mm^2)(见图 3-20)。

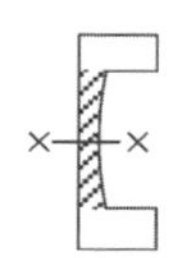
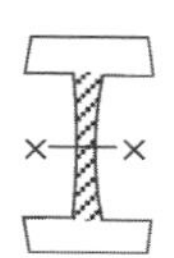
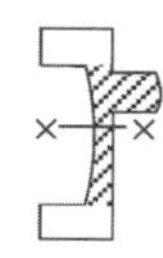

图 3-20　腹板剖面线部分

门架槽钢常用材质的力学性能如表 3-2 所示。

表 3-2 门架槽钢常用材质的力学性能

材料名称	屈服极限 σ_s/MPa	许用应力 $[\sigma]$/MPa	许用剪应力 $[\tau]$/MPa	弹性模量 E/MPa
Q235A	235	170	100	2.1×10^5
16Mn	245	230	135	2.1×10^5
20MnSi	335	240	145	2.1×10^5

3.6.7 货叉刚度计算和强度校核

货叉与货叉架的连接有挂钩式和滑套式两种，为简化刚度计算，货叉简化为受集中力作用下的悬臂梁(见图 3-21)。

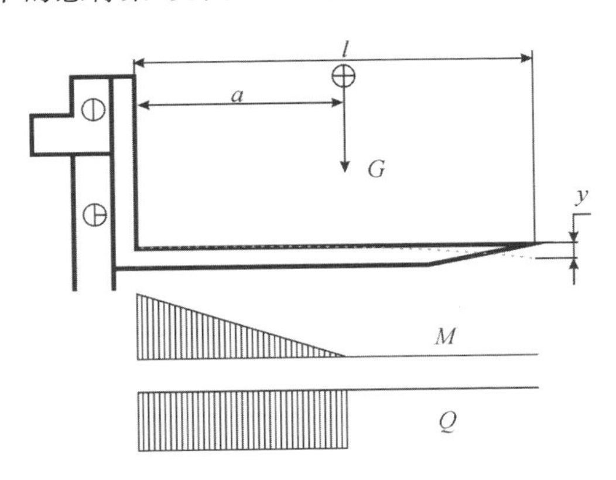

图 3-21 货叉受力图

在图 3-21 中：

$l-a$ 区段　剪力 $Q_{l-a}^{G}=0$

　　　　　　弯矩 $M_{l-a}^{G}=0$

l 区段　挠度 $y_{\max}=\dfrac{Ga^2}{6EI_X}(3l-a)$

a 区段　剪力 $Q_a^G=-G$

　　　　　　弯矩 $M_a^G=-G\times a$

(1)货叉最大挠度

$$y_{max}=\frac{Ga^2}{6EI_X}(3l-a)\leqslant[y]=\frac{l}{50} \tag{3-7}$$

(2)货叉最大弯矩

$$M_{max}=-G\times a \tag{3-8}$$

(3)货叉最大剪力

$$Q_{max}=-G \tag{3-9}$$

式中:G——货叉的额定载重量(N);

a——货叉载荷中心距(mm)。

货叉是直接承载货物的重要部件,必须具有较高的抗弯强度和冲击韧性,常采用45号钢或40Cr。货叉必须同时满足两个强度条件:

$$\sigma_{max}\leqslant[\sigma]$$

$$\tau_{max}\leqslant[\tau]$$

表 3-3 货叉常用材质的力学性能

材料名称	屈服极限 σ_s/MPa	许用应力 $[\sigma]$/MPa	许用剪应力 $[\tau]$/MPa	弹性模量 E/MPa
45	245	240	170	2.1×10^5
40Cr	440	300	220	2.1×10^5

3.6.8 【实例】电动堆高车

电动堆高车(见图3-22)额定载重量G=1600kg,带蓄电池车架自重G_O=1230kg,承载轮轴荷W_b=1880kg,驱动轮轴荷W_a=950kg,轴距L=1357mm。

电动堆高车满载平地行驶速度为7km/h,牵引电动机功率为2kW,机械传动效率η=0.9,传动装置速比i=16∶1,驱动轮直径为230mm,满载时最大爬坡度为7%。内外门架采用相同截面积的H型槽钢,截面高度为113.9mm,宽为66mm,截面惯性矩I_X=5979750mm^4,抗弯截面系数W_X=105000mm^3(门架材质为20MnSi)。

1.验算牵引电动机功率

合成重量:$W=W_a+W_b$

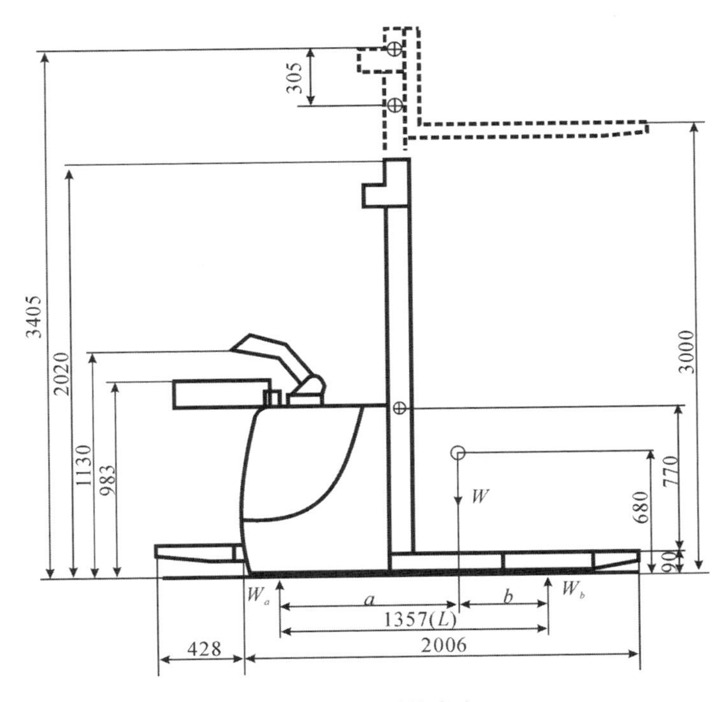

图 3-22 电动堆高车

$$b=L\times\frac{W_a}{W}=1357\times\frac{950}{(950+1880)}=456(\text{mm})$$

$$a=L\times\frac{W_b}{W}=1357\times\frac{1880}{(950+1880)}=901(\text{mm})$$

电动机转速：

$$n=\frac{V\times i}{0.377\times r}=\frac{7\times 16}{0.377\times 0.115}=2583(\text{r/min})$$

电动机转矩：

$$T_L=\frac{W\times\mu\times r}{i\times\eta}=\frac{2830\times 9.8\times 0.02\times 0.115}{16\times 0.9}=4.43(\text{N}\cdot\text{mm})$$

电动机功率：

$$N=K\times\frac{T_L\times n}{9550}=1.6\times\frac{4.43\times 2583}{9550}=1.9(\text{kW})<2(\text{kW})$$

式中：μ——滚动摩擦系数，取 0.02；

K——电动机过载系数，取 1.5～1.6。

2. 计算满载最大坡度的行驶速度

已知：坡度阻力系数 $\psi=\mu+\theta=0.02+0.07=0.09$；

合成重心高度 $h=680\text{mm}$；

最大牵引功率为 2kW。

电动机转矩：

$$T_{LP}=\frac{W\times\left(\frac{b}{L}+\frac{h}{L}\times\theta\right)\times\psi\times r}{i\times\eta}$$

$$=\frac{2830\times9.8\times\left(\frac{456}{1357}+\frac{680}{1357}\times0.07\right)\times0.09\times0.115}{16\times0.9}$$

$$=7.4(\text{N}\cdot\text{mm})$$

电动机转速：

$$n_p=\frac{9550\times[N]}{K\times T_{LP}}=\frac{9550\times2}{1.6\times7.4}=1613(\text{r/min})$$

满载最大坡度的行驶速度：

$$V_p=\frac{0.377\times n_p\times r}{i}=\frac{0.377\times1613\times0.115}{16}=4.37(\text{km/h})$$

3. 计算门架外载荷 *P* 和 *M*

如图 3-23 所示，在外载荷 G 的作用下，货叉架上下滚轮产生约束反力 P_1 和 P_2。利用 P_1 和 P_2，可求得作用在门架顶端的 P 和 M。

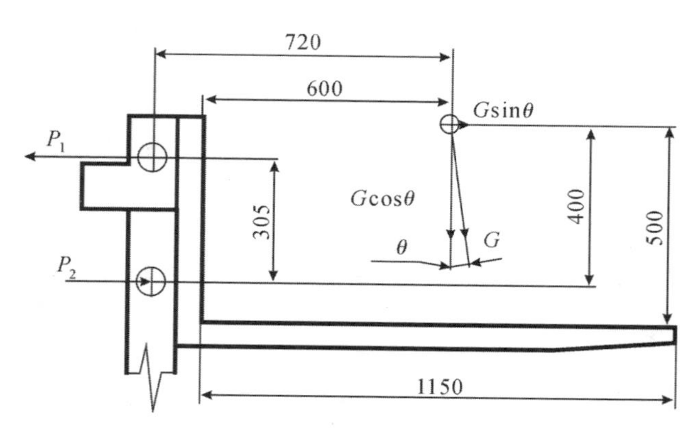

图 3-23　门架外载荷计算

以下滚轮为中心建立力矩平衡方程：

$$P_1=\frac{G\times\cos4°\times720+G\times\sin4°\times400}{305}$$
$$=\frac{1600\times9.8\times0.997\times720+1600\times9.8\times0.0697\times400}{305}$$
$$=38337(\text{N})$$

$$\sum X=0$$

$$P_2=P_1-G\times\sin4°=38337-1600\times9.8\times0.0697=37244(\text{N})$$

所以

$$P=P_1-P_2=38337-37244=1093(\text{N})$$
$$M=P_2\times C=37244\times305=11359420(\text{N}\cdot\text{mm})$$

4.验算电动堆高车门架刚度

已知(见图 3-22):

$L=3405-90-770=2545(\text{mm})$

$m=770\text{mm}$

$P=1093\text{N}$

$M=11359420\text{N}\cdot\text{mm}$

$I_X=5979750\text{mm}^4$

$W_X=105000\text{mm}^3$

门架最大挠度:

$$f_{\max}=\frac{PL^2m}{12EI_X}\left(3+4\times\frac{L}{m}\right)+\frac{MLm}{4EI_X}\left(1+2\times\frac{L}{m}\right)$$
$$=\frac{1093\times(2545)^2\times770}{12\times2.1\times10^5\times2\times5979750}\times\left(3+4\times\frac{2545}{770}\right)+$$
$$\frac{11359420\times2545\times770}{4\times2.1\times10^5\times2\times5979750}\times\left(1+2\times\frac{2545}{770}\right)$$
$$=2.92+16.74=19.66(\text{mm})$$

$$\frac{f_{\max}}{H}=\frac{19.66}{3405}=0.0058<\left[\frac{f}{H}\right]=\frac{1}{100}=0.01$$

5.验算电动堆高车门架强度

最大弯矩 $M_{\max}$采用式(3-5)绝对值。

最大正应力:

$$M_{\max}=P\times L+M=1093\times2545+11359420$$
$$=14141105(\text{N}\cdot\text{mm})$$

$$\sigma_{max}=\frac{M_{max}}{W_X}=\frac{14141105}{2\times105000}=67.34(MPa)<[\sigma]=240(MPa)$$

最大剪应力：

$$Q_{max}=\frac{3PL}{2m}+\frac{3M}{2m}=\frac{3\times1093\times2545+3\times11359420}{2\times770}$$

$$=\frac{8345055+34078260}{1540}=27547.6(N)$$

$$\tau_{max}=\frac{Q_{max}}{S}=\frac{27547.6}{2\times948}=14.53(MPa)<[\tau]=145(MPa)$$

其中 S 是图 3-20 中 H 型槽钢，截面高 113.9mm 的门架受剪切截面积为 2×948=1896(mm^2)。

6.校验液压系统性能及液压站技术参数

在本例题中的电动堆高车，双起升油缸，缸径为 40mm，满载时起升速度为 0.17m/s，起升缸行程为 1465mm。DC 液压站电动机功率为 3kW，电动机转速为 3000r/min，油泵排量为 4.3cm^3/r，流量为 12.9L/min。货叉架自重为 150kg，内门架自重为 150kg。校验电动液压泵站的技术参数。

(1)双起升油缸的外载荷(见图 3-17)：

$$P_S=2P_{ab}+G_e=2\times(G+150)\times\cos4°+150$$
$$=2\times(1600+150)\times9.8\times0.997+150\times9.8$$
$$=35667(N)$$

(2)双油缸起升时系统的油压：

$$p=\frac{P_S}{2\times\pi\times\left[\frac{40}{2}\right]^2}=\frac{35667}{2\times3.1416\times400}=14.2(MPa)=139(bar)$$

(3)电动机功率：

$$N=\frac{pQ}{612}=\frac{139\times12.9}{612}=2.9(kW)<3(kW)$$

起升高度达到 3000mm 时，双起升缸容积变化：

$$V=2\times\pi\times\left[\frac{40}{2}\right]^2\times1465=2\times3.1416\times400\times1465=3681955.2(mm^3)$$
$$=3.68(L)$$

达到最大起升高度所需时间：

$$t=\frac{60\times V}{Q}=\frac{60\times3.68}{12.9}=17.12(s)$$

(4)满载起升速度:

起升速度是起升缸活塞杆伸出速度的2倍

$$v=2\times\frac{1.465}{17.12}\approx0.17(\mathrm{m/s})$$

3.7 前移式电动叉车

前移式电动叉车(见图3-24)是一种适用于立体仓库中单元货物搬运、堆垛的专用电动仓储设备。由于它的门架可前后移动,叉车在运动过程中可使纵向尺寸最小,车轮三支点布置,转弯半径小,在立体仓库的巷道中运行,其机动性大大高于电动堆高车和平衡重电动叉车。额定载重量1500kg的标准车,最大起升高度4000mm或轴距加长车,最大起升高度可达5000mm仍具有较好的稳定性。

图3-24 前移式电动叉车

前移式电动叉车额定载重量通常为1000～2000kg,门架通常为二级。外门架固定在滑架上,滑架两侧有四个滚轮与叉车两支腿内侧导槽相配合。门架沿导槽的移动,是通过油缸驱动滑架来实现的。乘驾车型有站立式和座驾式两种。

3.7.1 载重1.8吨三级门架前移式电动叉车技术参数

1.8吨前移式电动叉车不但机动灵活性好，而且有三级门架和货叉架液压控制货叉，可实现＋5°/－3°的操纵（见图3-25），在使用功能上优于普通的电动堆高车，站式和坐式乘驾为用户提供更多的选择可能。其具体技术参数如下：

最大提升载荷	1800kg
载荷中心距	500mm
货叉最大提升高度（三级门架）	4300mm
最大行驶速度（满载）/（空载）	8.5/10km/h
满载最大提升速度	250mm/s
最小转弯半径	1755mm
自由提升高度	700mm
满载爬坡度	10％
全长	2165mm
全宽	1250mm
全高	2145mm
最小离地间隙	80mm
轴距	1530mm
前轮轮距	1145mm
货叉长度	920mm
货叉（液压）前倾/后倾	3°/5°
整车自重（不含蓄电池）	1825kg
蓄电池重量	805kg
蓄电池电压/容量	48V/400A·h
行走电机输出功率	4kW/h
油泵电机输出功率	8kW/15min
转向电机输出功率	0.25kW/h
中、内门架自重	150/150kg
驱动轮直径	330mm
支承轮直径	254mm

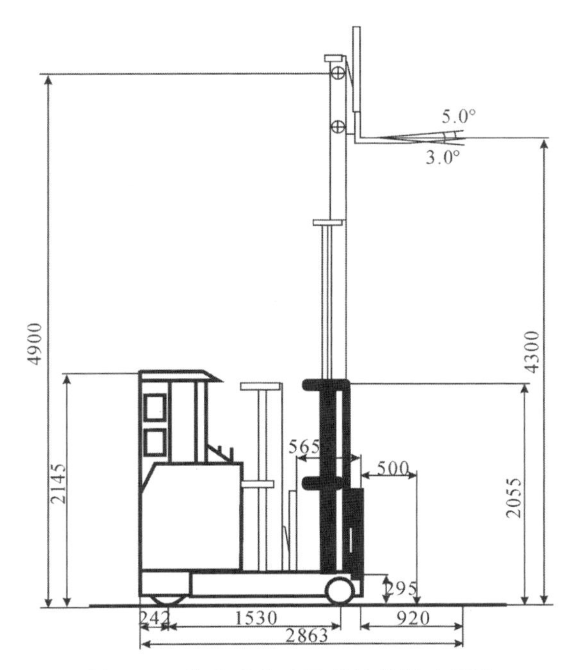

图 3-25 前移式电动叉车结构尺寸简图

3.7.2 前移式电动叉车 P 和 M 计算

前移式电动叉车受力计算如图 3-26 所示。

图 3-26 中：G——额定荷载(N)；

G_g——货叉及货叉架自重(N)；

θ——门架设计最大许用前倾角(7%)。

由 $\sum M_E = 0$，得

$$P_1 \times 350 = G\times\cos4^\circ\times720 + G\times\sin4^\circ\times350 + 150\times9.8\times\cos4^\circ\times320 + 150\times9.8\times0.07\times100$$
$$= 1800\times9.8\times1\times720 + 1800\times9.8\times0.07\times350 + 150\times9.8\times1\times320 + 150\times9.8\times0.07\times100$$
$$= 12700800 + 432180 + 470400 + 10290 = 13613670$$

$$P_1 = \frac{13613670}{350} = 38896.2(\mathrm{N})$$

由 $\sum X = 0$，得

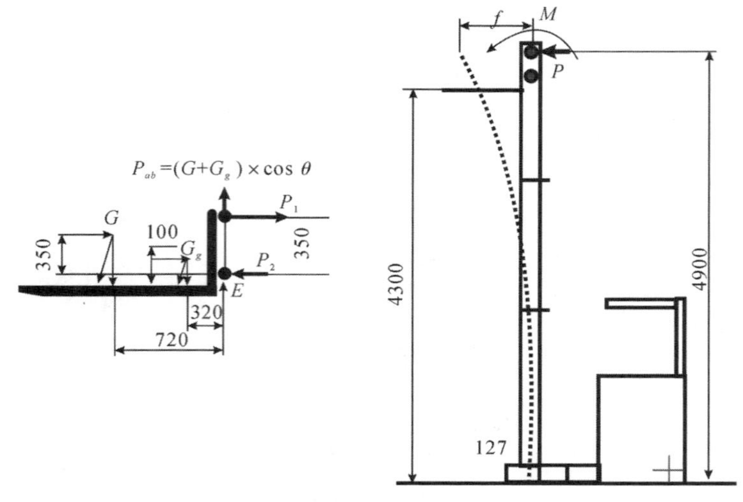

图 3-26　前移式电动叉车计算简图

$$P_2 = P_1 - G\times\sin4° - 150\times9.8\times\sin4°$$
$$=38896.2-1234.8-102.9=37558.5(\mathrm{N})$$
$$P=P_1-P_2=38896.2-37558.5=1338(\mathrm{N})$$
$$M=P_2\times350=37558.5\times350=13145475(\mathrm{N\cdot mm})$$

3.7.3　三级门架的最大挠度 f_{max}

三级门架槽钢横截面如图 3-27 所示；三级门架组合如图 3-28 所示。

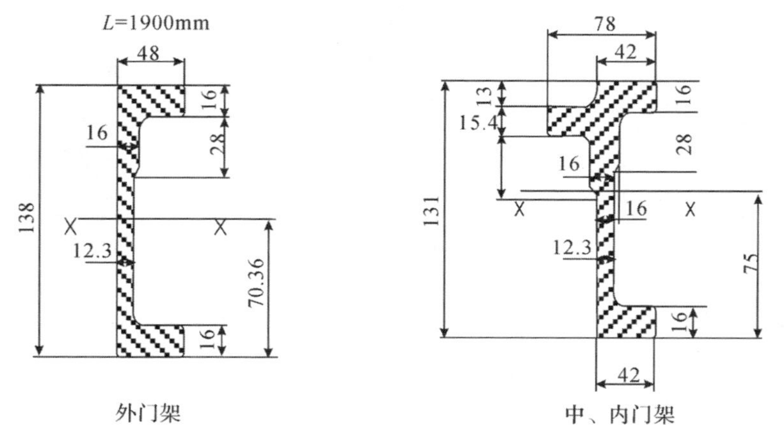

图 3-27　三级门架槽钢横截面图

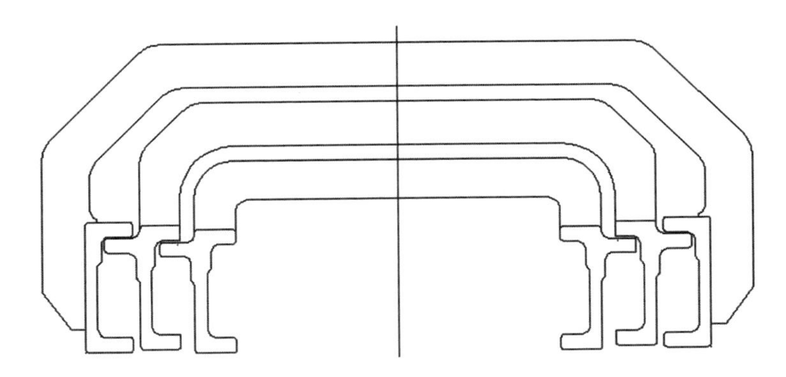

图 3-28 三级门架组合示意图

已知外门架的截面惯性矩：$I_X=2\times7152183=14304366(\mathrm{mm}^4)$

$$f_{\max}=f_1+f_2=\frac{PL^3}{3EI_X}+\frac{ML^2}{2EI_X}$$

$$=\frac{1338\times(4900-127)^3}{3\times2.1\times10^5\times14304366}+\frac{13145475\times(4900-127)^2}{2\times2.1\times10^5\times14304366}$$

$$=16.14+49.85=66(\mathrm{mm})$$

$$\frac{f_{\max}}{H}=\frac{66}{4900}=0.01347>\left[\frac{f}{H}\right]=\frac{1}{100}=0.01$$

上述计算结果说明三级门架的最大挠度 66mm 已超过了允许值，必须采取有效控制措施。这里引进起重机悬臂梁的变形控制，根据我国相关国家标准规定，对门架在结构安装上采取预翘度的技术处理。预翘度 f' 相当于反向挠度，可用下列近似公式计算：

$$f'=\frac{L}{350}+K'$$

式中：L——门架最大起升时，上滚轮中心至外门架固定端的垂直距离(mm)；

K'——预翘度修正值，可取 15～20mm。

必须满足下列不等式，才能确认采取预翘度是可行的：

$$\frac{f_{\max}-f'}{H}<\left[\frac{f}{H}\right]=\frac{1}{100}$$

先计算预翘度(图 3-26)：

$$f'=\frac{4900-127}{350}+20=34(\mathrm{mm})$$

$$\frac{f_{\max}-f'}{H}=\frac{66-34}{4900}=0.00653<\left[\frac{f}{H}\right]=\frac{1}{100}=0.01$$

前移式电动叉车的外门架是垂直焊接在滑轮架上的，图 3-29 是滑轮架两侧滚轮的位置尺寸示意，可满足门架预翘度的要求。

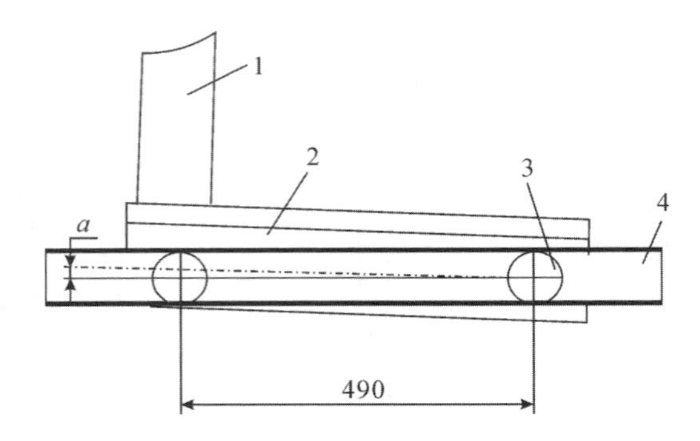

1—外门架；2—滑轮架；3—后侧滚轮；4—水平侧滚轮槽

图 3-29　门架预翘度结构安装示意图

$$\frac{a}{490}=\frac{f'}{4900-127}$$

$$a=\frac{f'\times 490}{4773}=\frac{34\times 490}{4773}=3.5(\mathrm{mm})$$

3.7.4　液压系统工作原理

前移式电动叉车液压系统由三级门架、提升油缸、倾斜油缸、侧移油缸和液压控制阀等组成。

图 3-30 所示为前移式电动叉车液压系统原理图。图 3-30 中 A、B、C 分别为门架升降、门架前后移动、货叉前后倾斜的三位四通手动换向阀。该系统是多缸并联、共泵、同时只能操纵一个手柄的液压系统。

基本操作要求：启动电动机，油泵供油。三个手柄均处于中间位置，非工作状态。此时，油泵输出的液压油经单向阀 7、滤网 9 和电磁阀 8（该阀的特性是：启动电源，阀 8 打开；关闭电源或任一操纵手柄工作，阀 8 均关闭）返回油箱，系统卸荷。

(1)升降操作

上升：在启动电动机后，提起手柄 A，油泵输出的液压油经阀 7、三位四通换向阀 A 注入双提升缸 12 和经高压橡胶管 11 注入自由提升缸 13。由于自由提升缸的横截面大于双提升缸的横截面，所以带着内门架的自由提升缸首先升起，内门架升起到位后，油压继续升高直到带着中门架的双提升缸升起到位。

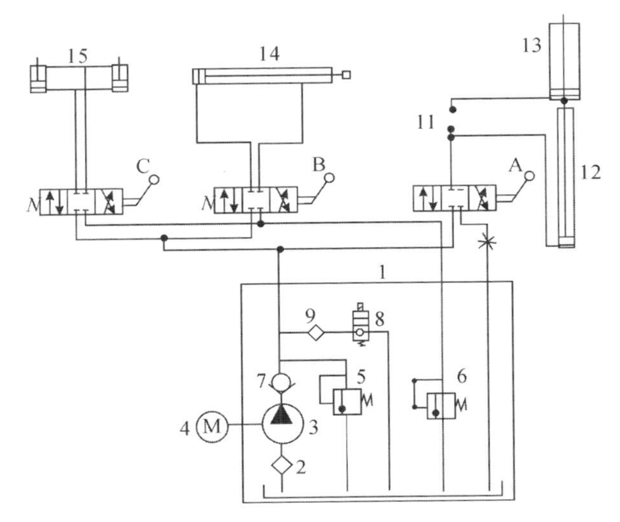

1—油箱；2—滤网；3—油泵；4—电动机；5—溢流阀(高压)；
6—溢流阀(低压)；7—单向阀；8—常闭式二位四通电磁阀；9—滤网；
10—单向节流阀；11—高压橡胶管；12—双提升油缸；13—自由提升油缸；
14—门架前后移双作用油缸；15—货叉前后倾双作用油缸

图 3-30 前移式电动叉车液压系统原理图

将手柄放到中间位置，上升结束。

下降：由于货物和门架是依靠自重下降的，所以在关停电源的情况下，将手柄 A 按下，此前密闭的液压系统内存在较高的压力，通往油箱的油路一旦开启，压力下降由高到低。双提升缸首先下降，缸 12 和缸 13 中的油经阀 A 及单向节流阀 10 返回油箱。

(2)前后移操作

前移：在启动电动机情况下，提起手柄 B，油泵输出油经阀 7、阀 B 注入缸 14 底部，前腔排油经阀 B、阀 6 返回油箱。阀 6 的背压作用使门架移动平稳，防止冲击。前移到位，将手柄 B 放到中间位置，前移结束。

后移：在启动电动机情况下，按下手柄 B，油泵输出的油经阀 7、阀 B 注入缸 14 前腔，底腔的油经阀 B、阀 6 返回油箱，后移到位，将手柄 B 放到中间位置，后移结束。

阀 C 的操作与阀 B 相似。

为在设计中进一步验证该液压系统在不同工况下的外载荷、油压、动力单元油泵的流量和电动机的功率，表 3-4 列出了不同油缸的结构参数供参考。

表 3-4 不同油缸的结构参数

参数	自由提升缸 单缸单作用	双提升缸 双缸单作用	前移油缸 单缸双作用	倾斜油缸 双缸双作用
活塞杆直径/mm	55	35	30	24
缸径/mm	70	(柱塞式油缸)	45	35
行程/mm	700	1385	508	50

3.8 平衡重电动叉车

平衡重电动叉车的载重量比较集中在 4 吨以下,尤其集中在 1.5 吨、2 吨、2.5 吨、3 吨的范围内,例如分得更细的有 1000kg、1250kg、1500kg、1750kg 等。

图 3-31 所示为三支点平衡重电动叉车,其驱动特点通常为:两前轮为驱动轮,分别由两个带减速器的电动机独立驱动。这种驱动方式与传统的驱动桥相比,具有较小的转弯半径,在仓库中作业时,更显良好的机动性。

图 3-31 三支点平衡重电动叉车

从图 3-32 可见,在整个转向过程中,回转中心点的位置没有变动。最小转弯半径形成的动态过程是:转向轮(后轮)轴线旋转 90°,一个驱动轮(前轮)轴线正转 90°,另一个驱动轮(前轮)轴线反转 90°。

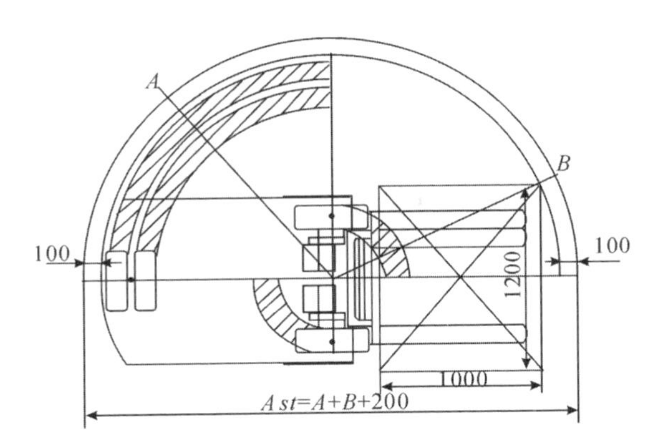

图 3-32　三支点平衡重电动叉车直角转弯示意图

图 3-33 所示为四支点平衡重电动叉车，其驱动特点通常为：一个带减速器的电动机把动力传给驱动桥，驱动桥中的差速器与两根半轴把转矩传递给左、右驱动轮（见图 3-34）。

图 3-33　四支点平衡重电动叉车

四支点电动叉车转向时与三支点不同，回转中心点在前轮外侧的轮轴线上。叉车在转向时，各个车轮滚动的距离是不相等的，为避免路面对叉车行驶产生附加阻力及轮胎磨损的加快，必须使所有的车轮轴线相交于一点，以保证车轮做纯滚动，此交点 O 称为转向中心。从图 3-35 可见，a 角称外转角（外转

图 3-34　四支点平衡重电动叉车驱动传动装置

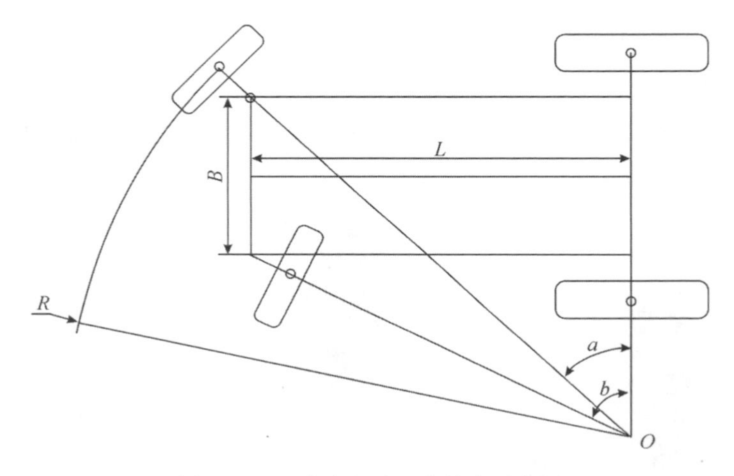

图 3-35　四支点电动叉车转向示意图

向轮偏转角)，b 角称内转角(内转向轮偏转角)，叉车要顺利转向，内转角 b 必须大于外转角 a，两者的关系是

$$\text{ctan}a=\text{ctan}b+B/L \tag{3-10}$$

式中：B——两转向节主销的中心距(mm)；

L——叉车轴距(mm)。

转弯半径 R 愈小，则叉车在转向时所需的场地就愈小，机动性就愈好。当外转角 a 达到最大值时，转弯半径 R 最小。

3.8.1　电动叉车的承载能力

额定载重量和载荷中心距，这两个指标间接表明了电动叉车的额定承载能力。电动叉车承载能力及纵向稳定性计算如图 3-36 所示。

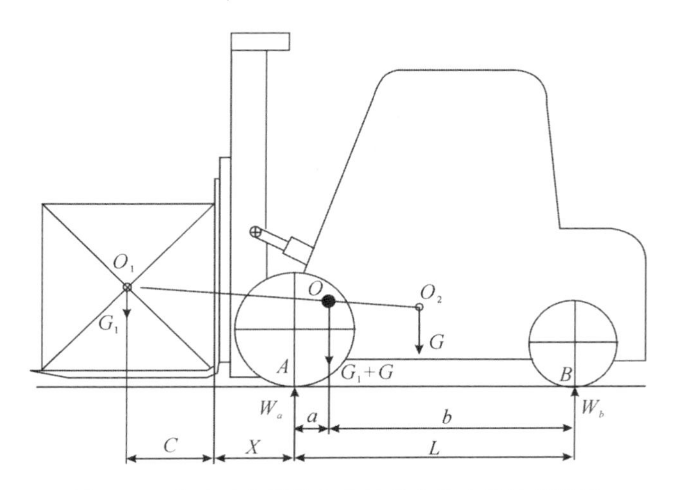

图 3-36 电动叉车承载能力及纵向稳定性计算简图

图 3-36 中：

G_1——额定荷载(货物重心位置)(N)；

C——载荷中心距(mm)；

G——空载时整车重量(空载重心位置)(N)；

O——合成重心位置(mm)；

L——轴距(mm)；

W_a——地面对前轮的法向反力(N)；

W_b——地面对后轮的法向反力(N)。

电动叉车的承载能力，可以用下列力矩平衡方程式表示：

$$\sum M_A = 0$$

$$(G_1+G)\times a - W_b \times L = 0 \tag{3-11}$$

$$a = \frac{W_b \times L}{G_1+G} \tag{3-12}$$

式(3-12)中，在轴距 L 和额定载重量 G_1 不变的情况下，a 与 W_b 成正比，a 与 G 成反比，说明合成重心靠后，纵向稳定性好，平衡重起了主要作用。但稳定性过高，会增加自重或动力消耗，造成制造成本和使用成本的提高。所以叉车的承载能力是有前提的，即必须满足纵向稳定和横向稳定的条件。叉车的平衡重、载重、起升高度，以及转向桥的结构均对纵向及横向稳定产生一定影响。

为达到使用上安全可靠、技术经济性又好的效果，可以参考的轴荷分配是：

在满载情况下，驱动桥轴荷分配占 89%～91%，相应的转向桥轴荷分配占 9%～11%，以保证必要的转向附着力，同时为减轻叉车自重，主要是指为平衡重（配重块）的设计提供依据。式(3-12)可改写为式(3-13)：

$$a=\frac{W_b\times L}{G_1+G}=\frac{0.10\times(G_1+G)\times L}{G_1+G}=0.10\times L \tag{3-13}$$

a 是设计平衡重的重要依据，也是估算稳定性的依据。

3.8.2 电动叉车的稳定性

由于平衡重叉车的载荷重心落在支撑平面之外，加之货物升起后重心较高，因此倾翻可能性关系到叉车的安全作业与行驶，极为重要。因此，有关设计与验算都应遵循叉车稳定性试验方法的标准。

图 3-37 中 h 为满载叉车合成重心距地面的垂直距离。e_1 为叉车纵向合成重心至倾翻轴线的水平距离。前轮为两侧单轮时，叉车横向合成重心至倾翻轴线的水平距离为 e_2；前轮为两侧双轮的情况则为 e_3。

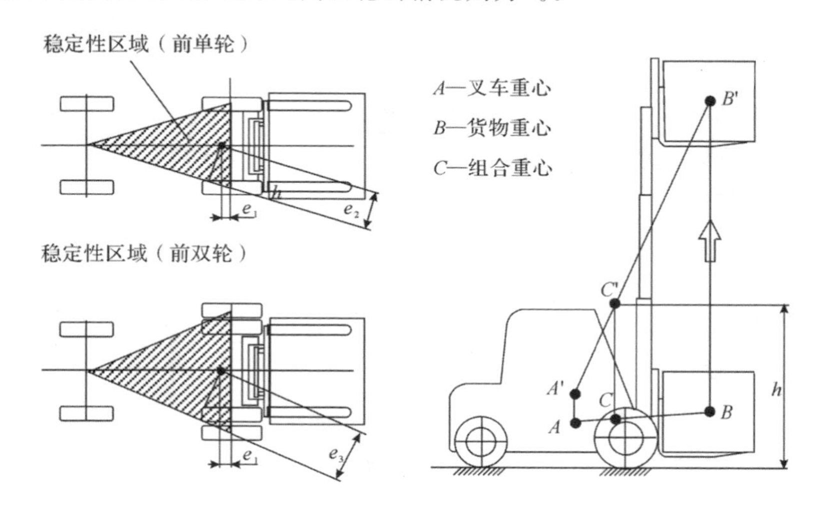

图 3-37　满载叉车纵向及横向倾翻角测算示意图

纵向满足稳定性的条件：

$$\tan\alpha_1\approx\alpha_1=(e_1/h)\%\geqslant4\%=0.04$$

横向满足稳定性的条件：

前单轮　$\tan\alpha_2\approx\alpha_2=(e_2/h)\%\geqslant6\%=0.06$

前双轮　$\tan\alpha_3\approx\alpha_3=(e_3/h)\%\geqslant6\%=0.06$

式中：α_1、α_2、α_3——倾翻角(°)。

$\tan\alpha_1 = 4\% = 0.04$

$[\alpha_1] = \arctan 0.04 = 2.29°$

$\tan\alpha_2 = 6\% = 0.06$

$[\alpha_2] = \arctan 0.06 = 3.43°$

$\tan\alpha_3 = 6\% = 0.06$

$[\alpha_3] = \arctan 0.06 = 3.43°$

3.8.3　【实例】验证3.5吨电动叉车主要性能

1. 已知主要性能参数

额定载重量	3500kg
载荷中心距	500mm
最大起升高度	3000mm
满载最大起升速度	0.23m/s
满载平地行驶速度	11km/h
满载轴荷，前/后	7800/800kg
空载轴荷，前/后	2200/2900kg
满载最大爬坡度	10.5%
轴距	1625mm
轮胎：前、后	28×9－15、18×7－8
前轮距	1000mm
牵引电机功率	11.75kW
油泵电机功率	10kW
自重	5100kg
总传动比 i	26.0545

2. 满载起升到位重心高 h 的测算

要保持叉车的稳定性关键是控制重心高度。根据3.5吨电动叉车的主要性能参数、空载前后轴载荷和轴距，便可求得空载重心与前后轴的位置关系，如图3-38(a)所示。同样，根据叉车载重 $G_1 = 3500$kg，叉车自重 $G = 5100$kg，轴距 $L = 1625$mm，前悬距480mm，载荷中心距500mm(标准试验载重为边长两倍于载荷中心距的匀质正立方体)，即可求出满载时合成重心的位置，为求得重心高度和倾翻角创造条件，如图 3-38 (b)所示。

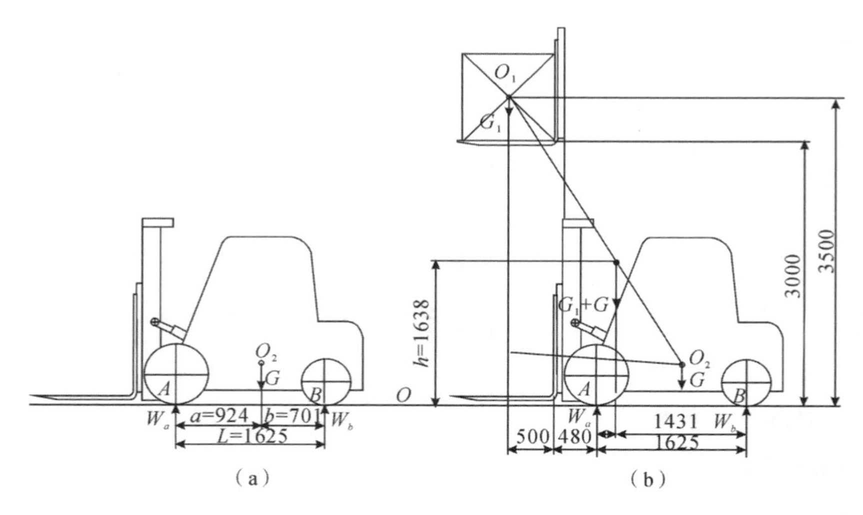

图 3-38　3.5 吨电动叉车稳定性测算简图

空载轴荷分配及前后轴所占比例：

前轴：$\frac{W'_a}{G}\times 100\%=\frac{2200}{5100}\times 100\%=43\%$

后轴：$\frac{W'_b}{G}\times 100\%=\frac{2900}{5100}\times 100\%=57\%$

满载轴荷分配及前后轴所占比例：

前轴：$\frac{W_a}{G_1+G}\times 100\%=\frac{7800}{3500+5100}\times 100\%=90.7\%$

后轴：$\frac{W_b}{G_1+G}\times 100\%=\frac{800}{3500+5100}\times 100\%=9.3\%$

从图 3-38(b)可以看出，重心高度 $h=1638\text{mm}$，$a=194\text{mm}$。

3. 纵向、横向稳定性验算

e_1、e_2、e_3 的图解见图 3-39。

(1)纵向稳定：已知 $a=194\text{mm}$，$h=1638\text{mm}$，$[\alpha_1]=2.29°$

$$\tan\alpha_1=\frac{e_1}{h}=\frac{a}{h}=\frac{194}{1638}=0.1184$$

$$\alpha_1=\arctan 0.1184=6.75°>[\alpha_1]=\arctan 0.04=2.29°$$

(2)横向稳定:已知 $e_2=420\text{mm}$,$h=1638\text{mm}$,$[\alpha_2]=3.43°$。

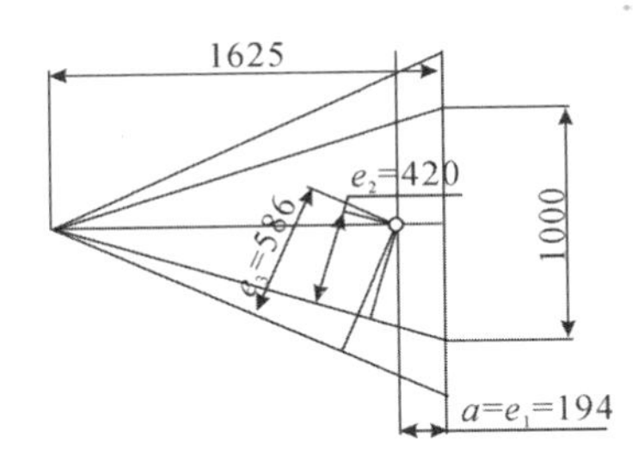

图 3-39 e_1、e_2、e_3 图解

$$\tan\alpha_2=\frac{e_2}{h}=\frac{420}{1638}=0.256$$

$$\alpha_2=\arctan 0.256=14.36°>[\alpha_2]=\arctan 0.06=3.43°$$

$$\tan\alpha_3=\frac{e_3}{h}=\frac{586}{1638}=0.358$$

$$\alpha_3=\arctan 0.358=19.7°>[\alpha_3]=\arctan 0.06=3.43°$$

4. 电动叉车门架刚度验算

平衡重电动叉车的门架与前移式电动叉车的门架,其功能、基本结构、外载荷作用下门架的受力分析等均相同。由于外门架与车架的连接结构不同,因此门架刚度的计算公式也有区别。

如图 3-40 所示,已知 $G=3500\times9.8\text{N}$,$G_0=150\times9.8\text{N}$,$\theta=4°$,则

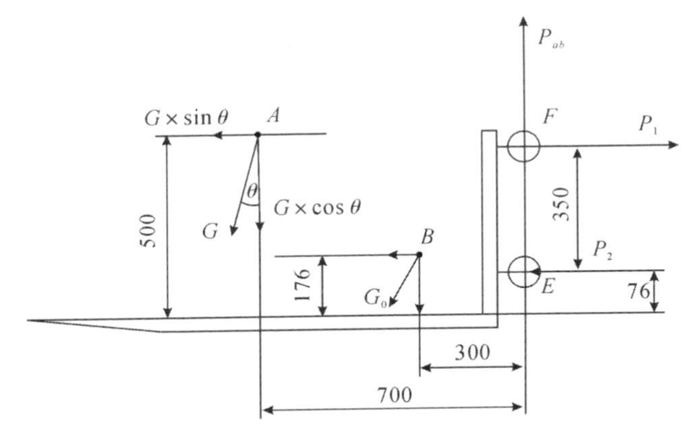

图 3-40 货叉架受力分析图

$\cos\theta = \cos 7\% = \cos 4° = 1, \sin\theta = \sin 7\% = \sin 4° = 0.07$,

由 $\sum M_E = 0$,得

$$P_1 \times 350 = 3500 \times 9.8 \times 1 \times 700 + 3500 \times 9.8 \times 0.07 \times (500-76) + 150 \times 9.8 \times 1 \times 300 + 150 \times 9.8 \times 0.07 \times (176-76)$$
$$= 24010000 + 1018024 + 441000 + 10290 = 25479314$$

$$P_1 = \frac{25479314}{350} = 72798(\mathrm{N})$$

由 $\sum X = 0$,得

$$P_2 = P_1 - 3500 \times 9.8 \times \sin 7\% - 150 \times 9.8 \times \sin 7\%$$
$$= 72798 - 2401 - 102.9 = 70294(\mathrm{N})$$

$$P = P_1 - P_2 = 72798 - 70294 = 2504(\mathrm{N})$$

由图 3-41 可见,作用在门架顶端的外载荷为

(1)水平作用力:$P = P_1 - P_2 = 2504(\mathrm{N})$

(2)力偶矩:$M = P_2 \times C = 70294 \times 350 = 24602900(\mathrm{N \cdot mm})$

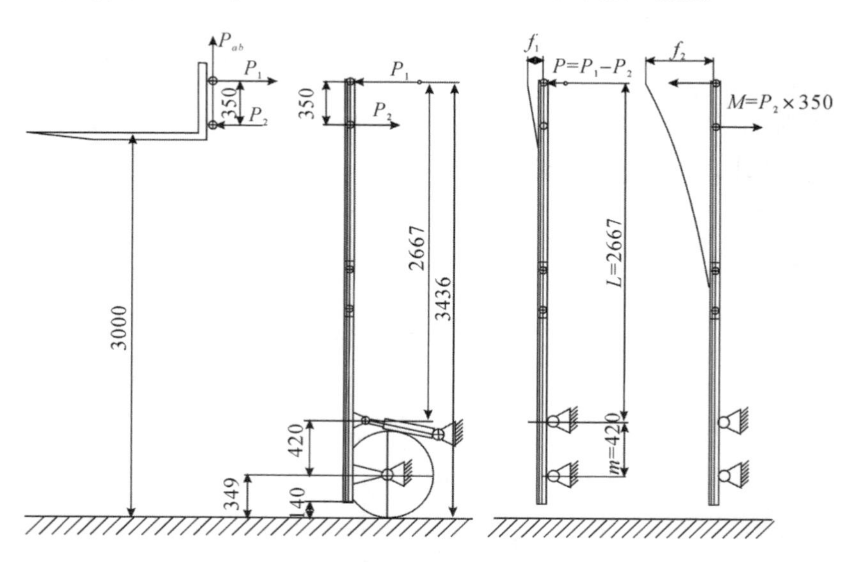

图 3-41 门架顶端受集中力 P 和力偶矩 M 作用

门架的最大挠度 $f_{\max}$ 由两部分组成:集中力 P 产生的挠度 f_1 和力偶矩 M 产生的挠度 f_2。外门架采用叉车门架专用槽钢,其横截面尺寸见图 3-42。

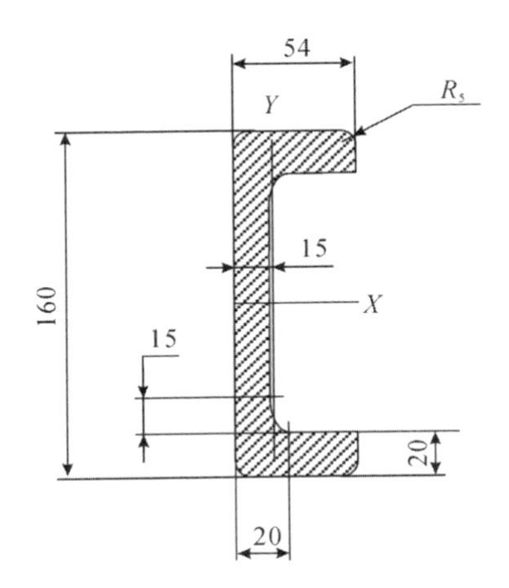

图 3-42 160 槽钢横截面图

惯性矩：$I_X = 12921029\text{mm}^4$，截面抗弯系数 $W_X = 161512.86\text{mm}^3$

截面积：$S = 4016.7\text{mm}^2$

$$f_1 = \frac{PL^2}{3EI_X}(m+L) = \frac{2504 \times (2667)^2}{3 \times 2.1 \times 10^5 \times 2 \times 12921029}(420+2667)$$

$$= 3.38(\text{mm})$$

$$f_2 = \frac{ML}{6EI_X}(2m+3L) = \frac{24602900 \times 2667}{6 \times 2.1 \times 10^5 \times 2 \times 12921029}(2 \times 420 + 3 \times 2667)$$

$$= 17.82(\text{mm})$$

$$f_{max} = f_1 + f_2 = 3.38 + 17.82 = 21.2(\text{mm})$$

$\dfrac{f_{max}}{H} = \dfrac{21.2}{3436} = 0.0062 < \left[\dfrac{f}{H}\right] = \dfrac{1}{100} = 0.01$，满足刚度条件。

3.9 电动牵引车

牵引车通常与挂车配合，在特定场所拉运货物。牵引车可由内燃机或蓄电池—电动机驱动，具体驱动方式根据使用情况而定，例如在码头、海港、钢材仓库等，拉运货物量大，作业频繁，采用内燃机驱动的牵引车较多。而在仓储物流、车间零部件运输、机场行李运输中，普遍使用的是电动牵引车，其没有排放污染、噪音小等特点尤其符合日益提高的环保要求。

3.9.1 牵引力计算

1.平地满载挂钩额定牵引力 F_X

为了得到牵引能力和爬坡能力的计算公式，把牵引车和挂车在牵引钩处分开，作为两个力平衡体分析。为简化分析，牵引车自重 W 应包含着带蓄电的牵引车和驾驶员的重量。被牵引的荷载 W_g 应包含额定载重量和挂车自重，为了方便计算，令 W_g 等于额定载荷。电动牵引车及挂车受力分析见图 3-43。

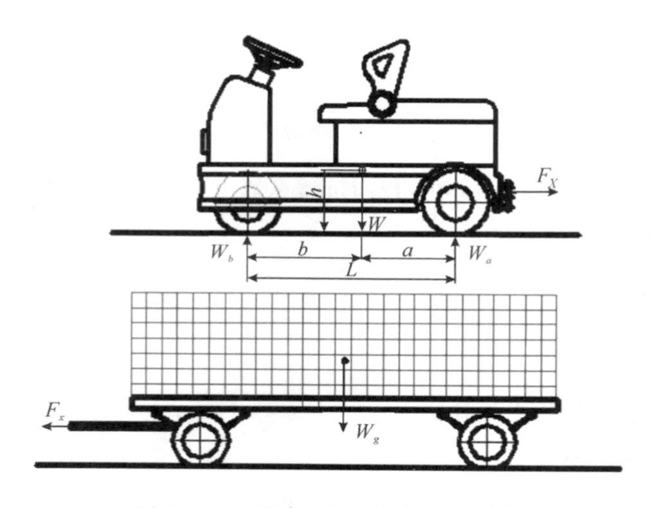

图 3-43 电动牵引车及挂车受力分析

对于后驱动牵引车，牵引力 F_X 与驱动力 $W_a \times \mu'$ 建立平衡：

$$F_X = \mu' \times W_a \tag{3-14}$$

式中：μ'——摩擦系数。附着力限值由后轮轴载荷与 μ' 的乘积决定。

对于被牵引的挂车，有

$$F_X = \mu \times W_g \tag{3-15}$$

式中：F_X——平地满载挂钩额定牵引力(N)；

μ——滚动摩擦系数，一般取 0.02；

W_g——被牵引的荷载(N)。

我们不能直接从式(3-14)计算出牵引力 F_X，因为摩擦系数 μ' 是未知的，因此，可以用式(3-15)求得牵引力 F_X。如果有必要，将 F_X 代入式(3-14)，就可以求得摩擦系数 μ'。该摩擦系数与驱动轮轴载荷的乘积，如果超过驱动轮与地面间附着力的最大值，这个驱动轮就会在原地打转。所以，所谓额定牵引力是指在平地满载和规定的满载行驶速度下，牵引车挂钩上的牵引力。在电动牵引车的技术文件或产品样本中，普遍使用 F_N 代表额定牵引力。

当车辆爬坡或下坡时，其重量将产生一个始终指向下坡方向的分力，这一分力不是阻碍(上坡时)、就是辅助(下坡时)车辆向前的运动。现在仅考虑上坡时的运动状态。

2. 最大牵引力 F_{MAX}(在附着力限值的情况下)

图 3-44 为电动牵引车及挂车在坡道上的受力分析图。

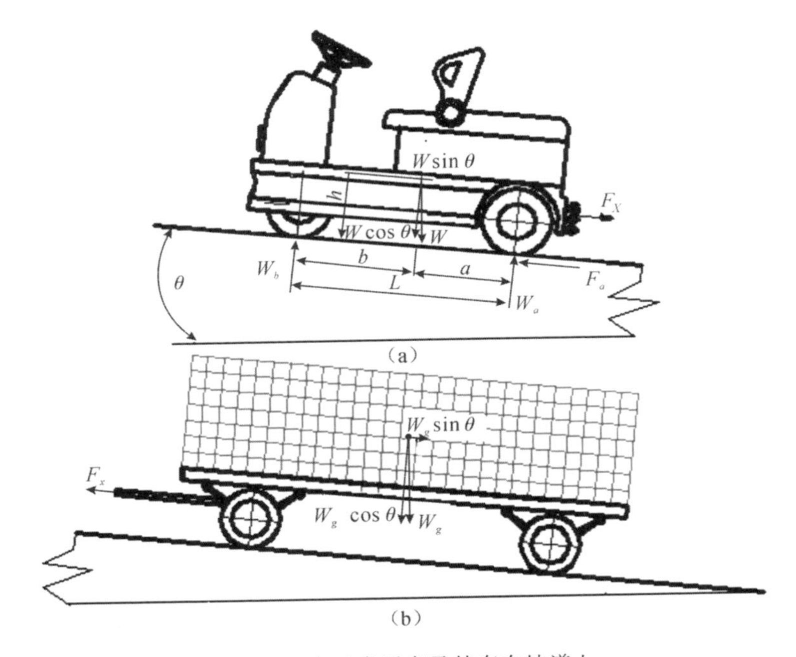

图 3-44 电动牵引车及挂车在坡道上

图 3-44(a)中，由 $\sum X = 0$，有

$$F_{max} = F_a - W \times \sin\theta \tag{3-16}$$

图 3-44(b)中，由 $\sum X = 0$，有

$$F_{max} = W_g \times \sin\theta \tag{3-17}$$

式中：F_a——后轮驱动力。

用式(3-17)便可直接求得满载爬坡情况下的最大牵引力。从式(3-16)和式(3-17)的相互关系可得，后驱动轮的驱动力 F_a 为

$$F_a = (W + W_g) \times \sin\theta \tag{3-18}$$

在设计中，对满载拖挂的电动牵引车，通常爬坡度取 $\theta = 5\%$，是否满足驱动力的要求，必须进行验算。第一步，计算电机转矩 T(N·m)：

$$T = \frac{(W + W_g) \times (\theta + \mu) \times r_d}{i \times \eta} \tag{3-19}$$

第二步，根据已知的转矩 T 和功率 N，计算电动机的转速 n(r/min)：

$$n = \frac{9550 \times N}{T} \tag{3-20}$$

第三步，根据转速，求得满载爬坡的行驶速度 V(km/h)：

$$V = \frac{0.377 \times n \times r_d}{i} \tag{3-21}$$

以上计算结果若不符合相关技术标准和技术规范，可对有关变量进行调整，再进行验算，直到符合要求。

3. 最大牵引力 F'_{max}(受附着力限制的情况下)

附着力是地面对轮胎切向反作用力的极限值。

$$F'_{max} \leqslant \phi \times W_a \tag{3-22}$$

式中：ϕ——路面的附着力系数，一般取 0.7 (混凝土湿路面)；

W_a——牵引车驱动轮轴载荷(N)。

3.9.2 由附着力限值的最大爬坡度

牵引车有三种可能情况：前驱动(FWD)；后驱动(RWD)；四轮驱动(4WD)。

这里举一电动牵引车的例子(见图 3-45)。

牵引车前轮轴载荷 $W_b = 2600 \times 9.8$N，后轮轴载荷 $W_a = 2500 \times 9.8$N，牵引车及驾驶员重 $W = W_a + W_b = 5100 \times 9.8$N，重心高度 $h = 607$mm，轴距 $L = 1900$mm($b = 931$mm，$a = 969$mm)。牵引的货物及挂车重 $W_g = 25000 \times 9.8$N，牵引电动机功率为 2×10kW。

在坡度上，牵引车的驱动力等于牵引车、挂车和额定载重量的总重与坡度之乘积。

(1)牵引车为前驱动，附着力限值由前轮轴载荷与附着力系数的乘积决定。

$$F_{FWD} = W_b \times \phi = (W + W_g) \times \sin\theta \tag{3-23}$$

式中：F_{FWD}——前轮驱动的驱动力(N)。

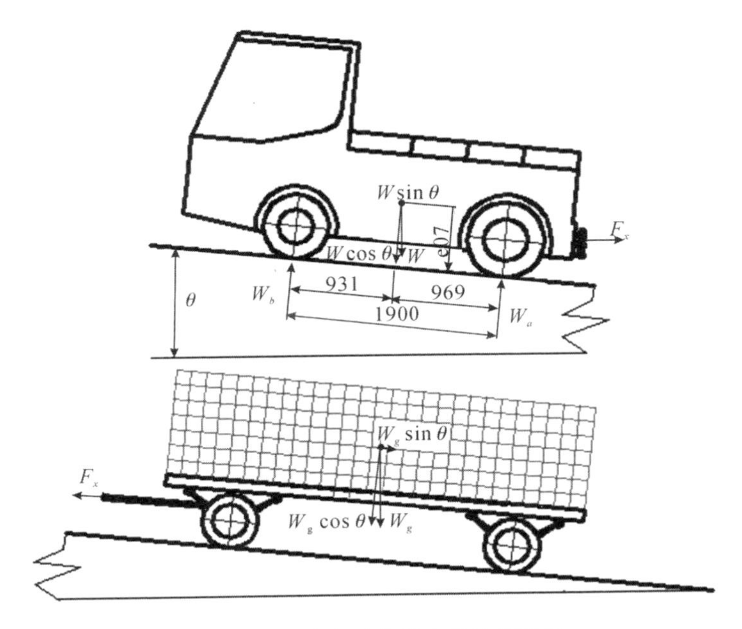

图 3-45 电动牵引车最大爬坡度计算

将式(2-10)代入式(3-23)得

$$(W+W_g)\times\sin\theta=W\times\left(\frac{a}{L}-\frac{h}{L}\theta\right)\times\phi \tag{3-24}$$

$$\theta=\frac{W}{W+W_g}\times\left[\frac{969}{1900}-\frac{607}{1900}\theta\right]\times\phi$$

$$=\frac{5100}{5100+25000}\times 0.7\times(0.51-0.319\theta)$$

$$=0.1694\times 0.7\times 0.51-0.1694\times 0.7\times 0.319\theta$$

$$\theta=\frac{0.0605}{1.0378}=0.0583=5.83\%=3.34^\circ$$

(2)牵引车为后驱动,附着力的限值由后轮轴载荷与附着力系数乘积决定。

$$F_{\mathrm{RWD}}=W_a\times\phi=(W+W_g)\times\sin\theta \tag{3-25}$$

式中:F_{RWD}——后轮驱动的驱动力(N)。

将式(2-12)代入式(3-25)得

$$(W+W_g)\times\sin\theta=W\times\left[\frac{b}{L}+\frac{h}{L}\theta\right]\times\phi \tag{3-26}$$

$$\theta=\frac{W}{W+W_g}\times\left[\frac{b}{L}+\frac{h}{L}\theta\right]\times\phi$$

$$=\frac{5100}{5100+25000}\times0.7\times\left[\frac{931}{1900}+\frac{607}{1900}\theta\right]$$

$$=0.1694\times0.7\times0.49+0.1694\times0.7\times0.319\theta$$

$$\theta=\frac{0.0581}{0.962}=0.0604=6.04\%=3.46°$$

(3)牵引车为四轮驱动,附着力限值由前轴载荷加后轴载荷之和与附着力系数乘积决定。

$$F_{4WD}=(W_a+W_b)\times\phi=(W+W_g)\times\sin\theta \qquad (3\text{-}27)$$

式中:F_{4WD}——四轮驱动的驱动力(N)。

$$\theta=\frac{W}{W+W_g}\times\phi=\frac{5100}{5100+25000}\times0.7$$

$$=0.1186=11.86\%=6.76°$$

三种情况的计算结果归纳如下:

前轮驱动:$\theta=0.0583=5.83\%$,坡度$=3.34°$

后轮驱动:$\theta=0.0604=6.04\%$,坡度$=3.46°$

四轮驱动:$\theta=0.1186=11.86\%$,坡度$=6.76°$

电动牵引车绝大多数采用后轮驱动。通过上述例题计算说明,无论是前轮驱动或后轮驱动,均符合满载爬坡度5%的要求。四轮驱动才能符合满载爬上10%坡度的要求。

3.9.3 【实例】验算QDD60TS-C电动牵引车性能参数

QDD60TS-C电动牵引车(见图3-46)的性能参数见表3-5。

图3-46 QDD60TS-C电动牵引车

为方便验算，设牵引重量等于额定载荷(不计拖车自重)，不计驾驶员重量对载荷的影响，因此计算结果为近似值。

表 3-5 QDD60TS-C 电动牵引车性能参数

序号	性能参数	QDD60TS-C
1	牵引重量(kg)	6000
2	额定牵引力(N)	1200
3	轴距(mm)	1110
4	自重(kg)	1150
5	最大长度(mm)	1966
6	最大宽度(mm)	1010
7	前轮数/后轮数	1/2
8	最低离地高度(mm)	150
9	转弯半径(mm)	1850
10	满载/空载行驶速度(km/h)	7/17
11	60 分钟功率(kW)	6
12	5 分钟最大牵引力(N)	4500
13	蓄电池容量(V/Ah)	48/275
14	满载/空载爬坡度(%)	5/20
15	速比 i	20
16	效率 η	0.9
17	前轮/后轮	4.00—8/4.00—8
18	驱动轮滚动半径 r_d(mm)	199
19	前轴载荷/后轴载荷(kg)	500/650
20	重心至后轴水平距离 a(mm)	483
21	重心至前轴水平距离 b(mm)	627
22	牵引车重心高度(mm)	600

1. 平地空载

(1)电动机转速：

$$n_1=\frac{V_1\times i}{0.377\times r_d}=\frac{17\times 20}{0.377\times 0.199}=4532(\mathrm{r/min})$$

(2)电动机转矩：

$$T_1=\frac{W\times\mu\times r_d}{i\times\eta}=\frac{1150\times9.8\times0.02\times0.199}{20\times0.9}$$

$$=2.49(\text{N}\cdot\text{m})$$

(3)电动机功率：

$$N_1=\frac{T_1\times n_1}{9550}=\frac{2.49\times4532}{9550}=1.18(\text{kW})$$

2.平地满载

(1)电动机转速：

$$n_2=\frac{V_2\times i}{0.377\times r_d}=\frac{7\times20}{0.377\times0.199}=1866(\text{r/min})$$

(2)电动机转矩：

$$T_2=\frac{(W+W_g)\times\mu\times r_d}{i\times\eta}=\frac{(1150+6000)\times9.8\times0.02\times0.199}{20\times0.9}$$

$$=15.49(\text{N}\cdot\text{m})$$

(3)电动机功率：

$$N_2=\frac{T_2\times n_2}{9550}=3(\text{kW})$$

3.满载爬坡度(5%)

(1)电动机转矩(根据式(2-17))

$$T_3=\frac{(W+W_g)\times(\theta+\mu)\times r_d}{i\times\eta}$$

$$=\frac{(1150+6000)\times9.8\times(0.05+0.02)\times0.199}{20\times0.9}$$

$$=54.23(\text{N}\cdot\text{m})$$

(2)电动机转速：

$$n_3=\frac{9550\times N}{T_3}=\frac{9550\times6}{54.23}=1057(\text{r/mim})$$

(3)行驶速度：

$$V_3=\frac{0.377\times n_3\times r_d}{i}=\frac{0.377\times1057\times0.199}{20}$$

$$=3.96(\text{km/h})$$

4. 空载爬坡度(20%)

(1)电动机转矩：

$$T_4=\frac{W\times(\theta+\mu)\times r_d}{i\times\eta}$$

$$=\frac{1150\times 9.8\times(0.20+0.02)\times 0.199}{20\times 0.9}=2.74(\mathrm{N\cdot m})$$

(2)电动机转速：

$$n_4=\frac{9550\times N}{T_4}=\frac{9550\times 6}{27.4}=2091(\mathrm{r/mim})$$

(3)行驶速度：

$$V_4=\frac{0.377\times n_4\times r_d}{i}=\frac{0.377\times 2091\times 0.199}{20}$$

$$=7.8(\mathrm{km/h})$$

5. 额定牵引力 F_N

$$F_N=W_g\times\mu=6000\times 9.8\times 0.02=1176(\mathrm{N})$$

行驶在坡度上的后驱动牵引车，附着力限值由后轴载荷 W_a 与摩擦系数 μ' 的乘积决定：

$$F_a=W_a\times\mu'\leqslant W_a\times\varphi$$

根据式(2-14)，上式可如下表示：

$$F_a=W\times\left[\frac{b}{L}+\frac{h}{L}\theta\right]\times\mu'$$

牵引力等于坡度阻力：

$$W_a\times\mu'=(W+W_g)\times\sin\theta$$

$$\mu'=\frac{(W+W_g)\times\sin\theta}{W_a}=\frac{(W+W_g)\times\sin\theta}{W\times\left[\frac{b}{L}+\frac{h}{L}\theta\right]}$$

$$=\frac{(1150+6000)\times 0.05}{1150\times\left[\frac{627}{1110}+\frac{600}{1110}\times 0.05\right]}=\frac{357.5}{680.6}=0.53$$

计算结果：摩擦系数 $\mu'=0.53$；

附着力系数 $\varphi=0.7$(见表 3-6)。

$u'<\varphi$，不等式成立。

6. 最大牵引力(满载坡度 5%)

$$F_{\max}=W_a\times\mu'=680.6\times 9.8\times 0.53=3535(\mathrm{N})$$

牵引车的附着力决定于附着力系数和地面作用于驱动轮法向反作用力。而附着力系数则主要取决于路面种类、路面状况及行驶速度等因素。不同路面的附着力系数见表3-6。

表3-6　不同路面的附着力系数 φ

路面种类及状况	峰值附着力系数	滑动附着力系数
沥青或混凝土(干)	0.8～0.9	0.75
沥青(湿)	0.5～0.7	0.45～0.6
混凝土(湿)	0.8	0.7
土路(干)	0.68	0.65
土路(湿)	0.55	0.4～0.5

显然,当牵引车行驶在潮湿的路面上时,轮胎与地面间的附着力就是车辆性能的主要制约因素。而在这样的情况下,作用于驱动轮的牵引转矩将使车轮在上述路面上发生显著滑移。因此,作用于驱动轮的最大牵引力取决于轮胎与地面间的附着力所提供的纵向力,而不是电动机所能供给的最大转矩。

4　仓储物流辅助设备

在物流过程中，常常需要将货物从低到高或从高到低地进行搬运。不同载重量、不同规格和不同功能的液压升降平台或登车桥可以完成这方面的任务。

4.1　可移动液压平台车

可移动液压平台车是一种省力、灵活的搬运工具，适用于仓库或其他室内工作场地。

图 4-1 所示是载重量为 500kg，起升高度在 900mm 以下，脚踏泵油、结构

图 4-1　液压平台车

紧凑的液压平台车。台面最低位置的高度为268mm,手柄可折叠,脚踏杠杆可缩进,后轮转向,停车可制动。

这种可移动液压平台车,其液压起升机构有两个特点。第一个特点是:泵、阀一体,集中在108mm×90mm×32mm的阀块内。在阀块内有柱塞式油泵A、单向阀B、卸荷阀C、溢流阀D(见图4-2)。其工作原理是:脚踏往复泵油,液压油推开单向阀B,进入单作用起升油缸底部,油缸活塞杆伸出,台面连同货物垂直起升。在整个起升过程中,如果停止泵油,则单向阀B在压力差的作用

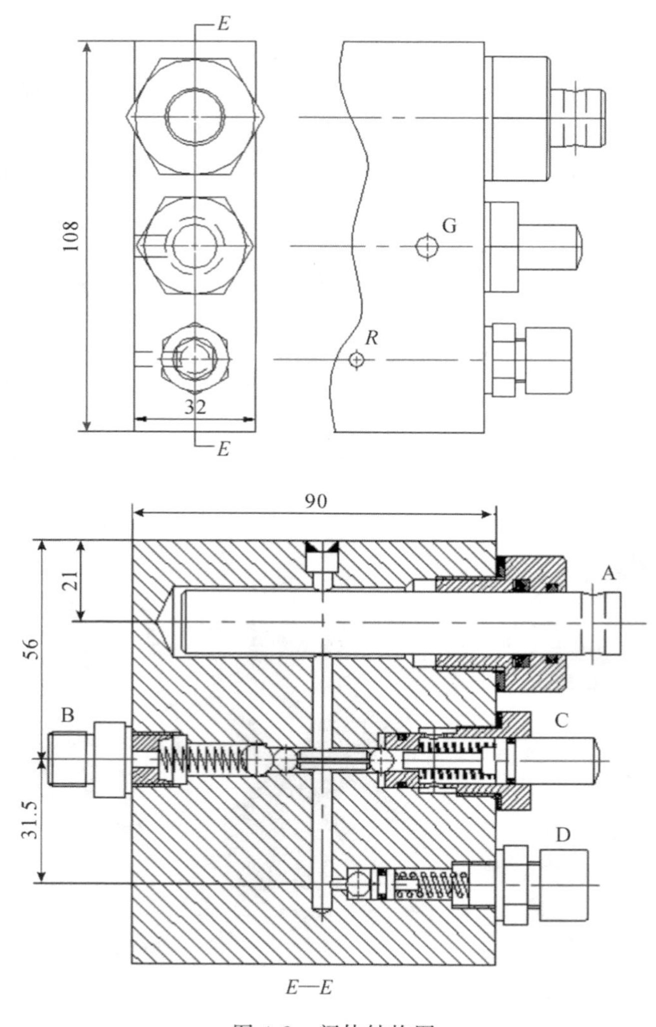

图4-2 阀体结构图

下，自动关闭。泵油时的进油路，孔 G 在结构上是油箱底板，油泵柱塞向外移动，系统中造成负压，油箱中的油通过孔 G 和卸荷阀 C 进入柱塞式泵 A。第二个特点是：起升油缸结构简单，有行程自动限位装置(见图 4-3)。

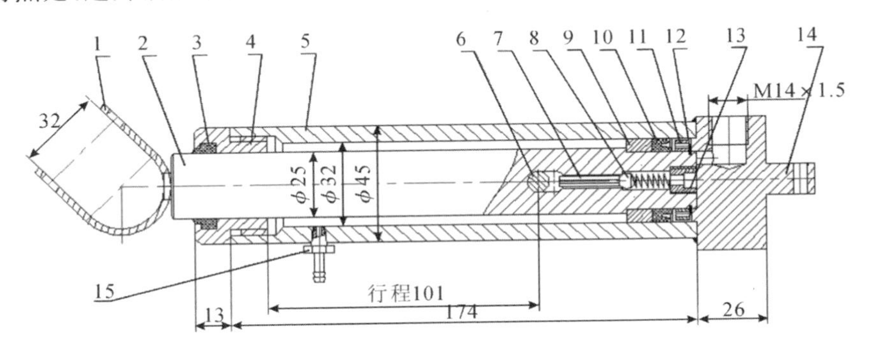

1—连接抱箍；2—活塞杆；3—防尘圈；4—导向套；5—缸筒；6—限位横销；7—弹簧销顶杆；8—钢球；9—支承环；10—密封圈；11—挡圈；12—弹性挡圈；13—螺塞；14—节流底座；15—回油接头

图 4-3　起升油缸结构图

4.2　固定式电动液压起升平台

固定式电动液压起升平台(见图 4-4)安装在室内或室外的地坑内，可将载货的搬运车、堆高车或集装箱叉车在地面与集装箱车厢之间进行搬运。在没有

图 4-4　固定式电动液压起升平台

运输坡道的情况下，固定式液压起升平台解决了高低平面之间货物的搬运问题。

固定式电动液压起升平台由底座、剪叉架、电动液压起升装置、台面平板及搭板等组成。为保证载荷情况下升降装卸作业的安全，台面板及剪叉架在结构的强度和刚度上都有较高的安全系数。所以，在台面板设计上通常采用多纵梁、四周边围板组成的箱形结构，要求具有较高的抗弯强度和抗弯刚度。台面板的平稳性除与本身结构刚度有关外，还与叉架的结构刚度，以及剪叉架与台面板连接的尺寸关系有关。

这里重点介绍在仓库内外的地面与集装箱车厢底平面之间货物的搬运。固定平台台面的起升高度，其必须满足集装箱车厢底平面高度的要求。标准集装箱车厢底高度在 1220～1470mm，所以台面的垂直起升高度应在 1500mm 以上。与台面板铰接的搭板宽度应与集装箱宽度相适应，应小于 1830mm。台面桥梁的跨度为 3350mm。

4.2.1 台面板

某固定式电动液压起升平台载重量为 6820kg（其中集装箱叉车额定载重量 2500kg，叉车自重 4320kg）。台面最低位置高 538mm，台面板最大垂直行程为 1500mm。台面尺寸（长×宽）为 3500mm×1825mm。在工程设计中，应先按强度条件选择截面尺寸，再用刚度条件进行校核。

在桥式起重机有关技术规范中，通常用梁的相对挠度 $\left[\frac{f}{l}\right]$ 来表达刚度条件，把台面板简化为简支梁的刚度条件是

$$\frac{f}{l} \leqslant \left[\frac{f}{l}\right] \tag{4-1}$$

式中：f——跨中最大挠度；

l——梁的跨度。

固定式起升平台和固定式登车桥的台面板的静刚度允许值：

$$\left[\frac{f}{l}\right] = \frac{1}{400}$$

图 4-5 中 A 和 B 为起升油缸上下铰接点，油缸的行程是：$A'B' - AB = 936.5 - 681 = 255.5(\text{mm})$，油缸的缸径为 140mm。

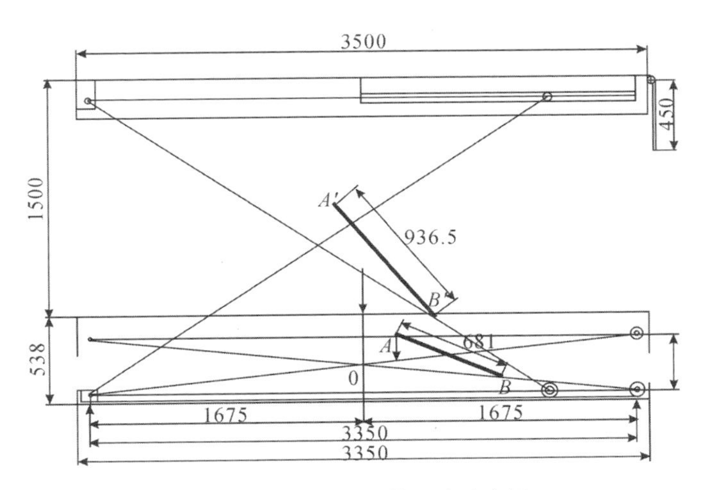

图 4-5 起升平台结构尺寸示意图

台面板尺寸为 3500mm×1825mm，采用厚 6mm 扁豆形花纹钢板，四周由厚 10mm 钢板焊接成箱形结构，纵向有四支矩形焊管，壁厚 4mm。在两侧有外剪叉架连接耳座，组成台面板横截面的板或梁均为纵向贯通的构件。

台面板横截面结构尺寸见图 4-6。台面板横截面为 24406mm²，惯性矩 $I_X=85682770\text{mm}^4$，抗弯截面系数 $W_X=\dfrac{I_X}{y_c}=\dfrac{85682770}{195}=439398(\text{mm}^3)$。

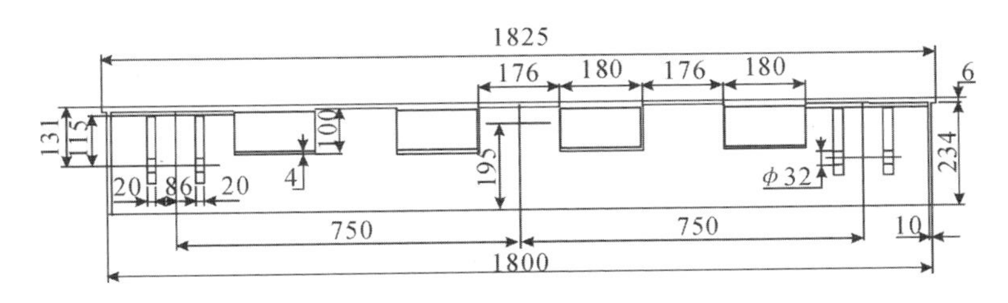

图 4-6 台面板横截面结构尺寸

4.2.2 台面板抗弯强度验算

受弯最大的情况是集中载荷作用在台面板跨度中央，其最大弯矩为

$$M_{\max}=\frac{KPl}{4}=\frac{K\times(W+W_0)\times l}{4}=\frac{1.25\times(2500+4320)\times 9.8\times 3350}{4}$$

$$=69968937.5(\text{N}\cdot\text{mm})$$

$$\sigma_{\max}=\frac{M_{\max}}{W_X}=\frac{69968937.5}{439398}=159(\mathrm{MPa})<[\sigma]=170(\mathrm{MPa})(\mathrm{Q235A})$$

式中：K——动荷系数，取 1.25；

W——集装箱叉车额定载荷(N)；

W_0——集装箱叉车自重(N)；

l——台面板最大支承跨度(mm)；

$[\sigma]$——许用应力，见表 3-2。

4.2.3 台面板刚度校核

台面板最大挠度为：

$$f_{\max}=\frac{KPl^3}{48EI_X}=\frac{1.25\times(2500+4320)\times 9.8\times(3350)^3}{48\times 2.1\times 10^5\times 85682770}=3.64(\mathrm{mm})$$

$$<\left[\frac{f}{l}\right]=\frac{3350}{400}=8.375(\mathrm{mm})$$

故刚度满足要求。

4.2.4 双油缸的最大推力

计算双油缸最大推力 P(见图 4-7)。在压力大、速度变化小的情况下，外叉架滚轮与导轨之间属于软钢与软钢之间的滚压，启动时的摩擦系数比一般的滚动摩擦系数大(系滑动摩擦)，所以取摩擦系数 $\mu=0.242$。

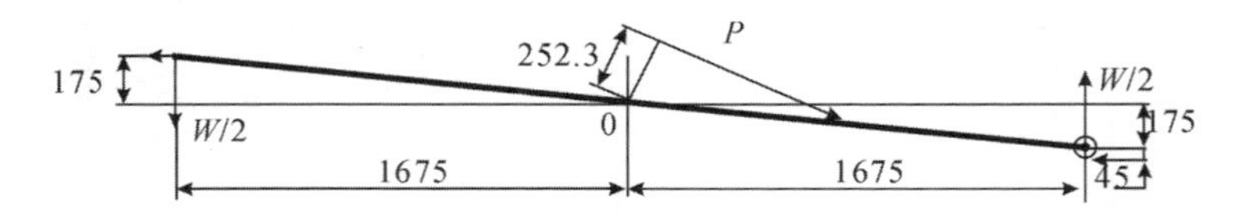

图 4-7 双油缸推力计算简图

载荷：$W=W_0+W_D$(W_0 为叉车载重，W_D 为叉车自重)

由 $\sum M_0=0$，有

$$P=\frac{1.25\times\left[\frac{W}{2}\times(1675+1675)+\frac{W}{2}\times\mu\times(175+45+175)\right]}{252.3}$$

$$=\frac{1.25\times\left[\frac{(2500+4320)\times 3350}{2}+\frac{(2500+4320)\times 0.242\times 395}{2}\right]\times 9.8}{252.3}$$

$$=570478(\text{N})$$

4.2.5 液压系统最高油压

液压系统最高油压为

$$p=\frac{P}{2\times\pi\times r^2}=\frac{58212\times 9.8}{2\times 3.1416\times(70)^2}=\frac{570478}{30787.7}$$

$$=18.53(\text{MPa})=185.3(\text{bar})$$

如果选用意大利海普 MC2 系列液压站 60210/C47，交流电动机功率为 4kW，油压可达 210bar，流量为 12.3L/min。

4.2.6 满载起升速度

已知油缸的最大行程为 255.5mm（见图 4-5），双油缸的容积变化为

$$V=2\times\pi\times r^2\times L=2\times 3.1416\times(70)^2\times 255.5$$

$$=7866252.24(\text{mm}^3)=7.87(\text{L})$$

满载起升速度 v 为

$$v=\frac{H}{t}=\frac{1500}{\frac{7.87}{12.3}\times 60}=\frac{1.5}{38}=0.04(\text{m/s})$$

4.3 多剪叉电动液压起升平台

多剪叉电动液压起升平台（见图 4-8）常用于库房的安装和维修，其多剪叉的受力分析和设计计算与多层库房之间搬运货物的货梯是相同的。

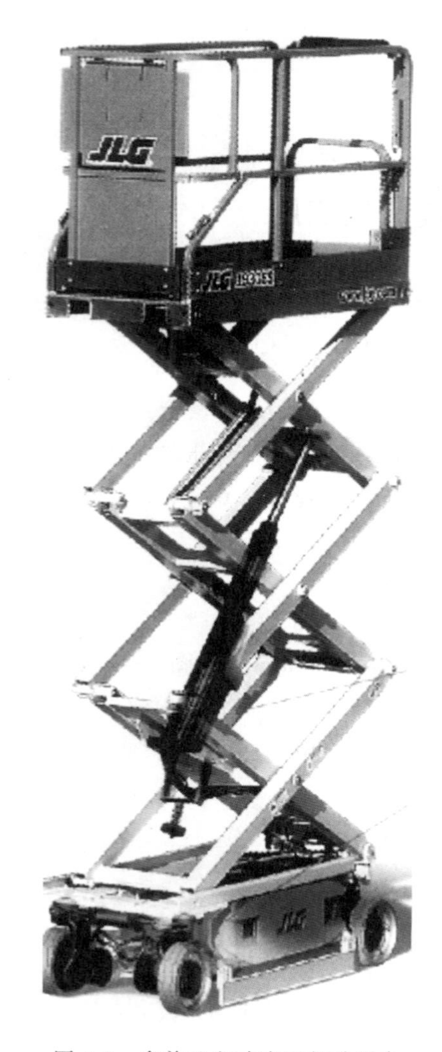

图 4-8 多剪叉电动液压起升平台

剪叉电动液压起升平台主要技术性能指标：

平台起升高度	5720mm
平台最低高度	860mm
限载一人	230kg
平台自重	120kg
升/降时间	22/28s
车辆低位行驶速度	4.8km/h

车辆高位行驶速度	0.8km/h
驱动电动机	24V/6kW
油泵电动机	3kW
油缸缸径	70mm
活塞杆直径	45mm
缸体与活塞杆两端铰接孔中心：最长/最短	2377/1280mm

4.3.1　油缸推力的分析与计算

为方便受力分析和计算，载荷作用在台面中间，$W=350\times9.8\text{N}$（限载一人和平台自重），油缸在开始起升时推力最大，此时油缸轴线与叉架 AB 之间夹角为 17.6°。油缸的下铰支点在第一级（最下层）叉架体的内叉架支座上；上铰支点在第三级（最上层）叉架体的内叉架支座上。

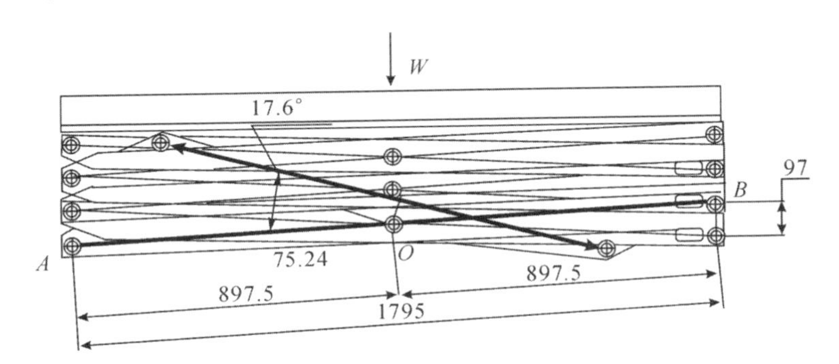

图 4-9　三级剪叉架最低位置的计算简图

将第一级剪叉架体的内叉架分离开来进一步分析，如图 4-10 所示。

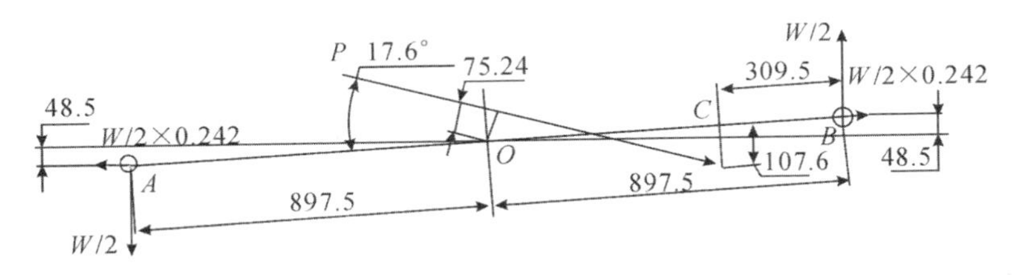

图 4-10　内叉架受力分析

在图 4-10 中，A 点和 B 点代表叉架铰接点，在外载荷作用下垂直反力为 $\frac{W}{2}$，水平摩擦阻力为 $\frac{W}{2}\times\mu=\frac{W}{2}\times0.242$。

由 $\sum M_0 = 0$，有

$$P = K \times \frac{\frac{W}{2} \times (897.5 + 897.5) + \frac{W}{2} \times 0.242 \times (48.5 + 48.5)}{75.24}$$

$$= 1.25 \times \frac{\frac{350}{2} \times 1795 + \frac{350}{2} \times 0.242 \times 97}{75.24} \times 9.8 = 51813(\text{N})$$

4.3.2 叉架刚度验算

把推力 P 分解为一个垂直集中作用力 $P' = P \times \sin 17.6°$ 和另一个力偶矩 $M = P \times \cos 17.6° \times 107.6$，如图 4-11 所示。

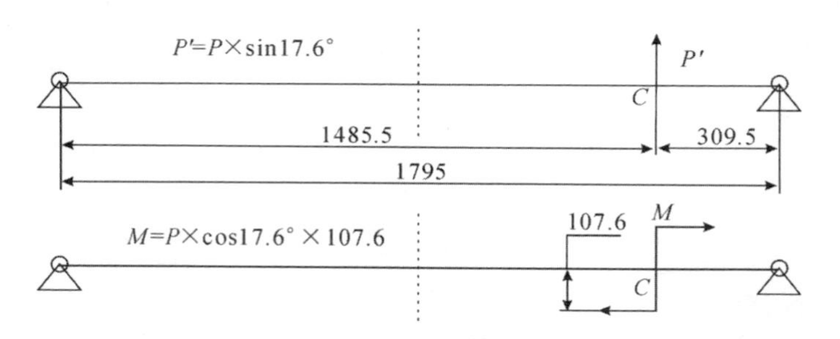

图 4-11　推力 P 分解为 P' 和 M 的计算简图

$$P' = P \times \sin 17.6° = 51813 \times 0.3024 = 15668(\text{N})$$

$$M = P \times \cos 17.6° \times 107.6 = 51813 \times 0.9532 \times 107.6 = 5314(\text{N} \cdot \text{m})$$

内叉架横截面尺寸图见图 4-12。

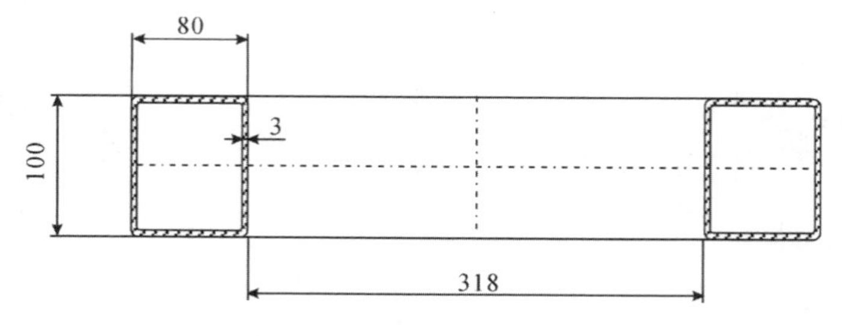

图 4-12　内叉架横截面尺寸图

横截面惯性矩：$I_X = 3089464\text{mm}^4$

截面抗弯系数：$W_X = 61789\text{mm}^3$

P'作用下C点的挠度f_1：

$$f_1=\frac{P'L^3}{3EI_x}\times\omega_{Ra}^2=\frac{15668\times(1795)^3}{3\times2.1\times10^5\times3089464}\times0.0199=0.93(\text{mm})$$

其中，根据图4-11，$\alpha=\frac{a}{L}=\frac{1485.5}{1795}=0.83$，再依据$\alpha$与$\omega_{Ra}^2$的关系查表得：

$\omega_{Ra}^2=0.0199$。见附录1中附表1-2及附表1-3（$\beta=\frac{b}{L}=\frac{309.5}{1795}=0.17$）。

M作用下C点的挠度f_2（根据β与$\omega_{D\beta}$的关系查表）

$$\begin{aligned}f_2&=-\frac{ML^2}{6EI_x}\times(\omega_{D\beta}-3\alpha^2\beta)\\&=-\frac{5314\times10^3\times(1795)^2}{6\times2.1\times10^5\times3089464}\times(0.1651-3\times0.6889\times0.17)\\&=-4.3985\times(-0.1862)=0.819(\text{mm})\end{aligned}$$

$$f_c=f_1+f_2=0.93+0.819=1.75(\text{mm})$$

$$<[f]=\frac{L}{800}=\frac{1795}{800}=2.244(\text{mm})$$

4.3.3 叉架强度验算

叉架在C位受P'和M的弯矩图见图4-13。

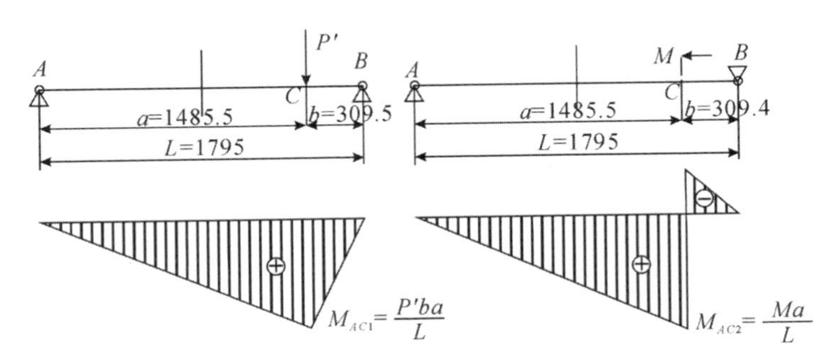

图4-13 叉架在C位受P'和M的弯矩图

$$\begin{aligned}M_{\max}&=M_{AC1}+M_{AC2}=\frac{P'\times a\times b}{L}+\frac{M\times a}{L}\\&=\frac{15668\times1485.5\times309.5}{1795}+\frac{5314\times10^3\times1485.5}{1795}\\&=4011887+4397845=8409732(\text{N}\cdot\text{mm})\end{aligned}$$

$$\sigma_{\max}=\frac{M_{\max}}{W_x}=\frac{8409732}{61789}=136(\text{MPa})<[\sigma]=170(\text{MPa})(\text{Q235A})$$

4.4　登车桥

登车桥是用于平稳、可靠连接仓储站台与货车车厢之间的货物装卸桥梁。台(桥)面板的一端与底座铰接,高度与站台地面一致;另一端通过可转动一定角度的搭板与货车车厢搭接。为确保装卸安全可靠,装卸时货车必须可靠制动。由于货车或集装箱车的车厢离地面的高度不同,所以台面板在一定范围内可进行高低调整。

登车桥由底座、台面板、搭板和起升机构四部分组成。起升机构有电动液压和机械装置两种,故登车桥可分为液压登车桥(见图 4-14)和机械登车桥(见图 4-15)。

图 4-14　液压登车桥

图 4-15　机械登车桥

4.4.1 登车桥的额定载重量

设计登车桥时其载重量必须从仓储物流的实际情况出发。集装箱叉车的额定载重量为2500kg,它与集装箱车厢底板的允许轮压载荷有关。内燃集装箱叉车的自重在3800kg左右,电动集装箱叉车的自重在4200～4654kg。对仓储物流中常用的登车桥,其额定载重量为

$$W=K\times(W_1+W_2)=1.25\times(2500+4654)=8942.5(\text{kg})$$

因此,有些登车桥制造商将9000kg作为常规的登车桥的额定载重量。

4.4.2 登车桥台面板的支承跨度

登车桥台面板的支承跨度如图4-16所示。

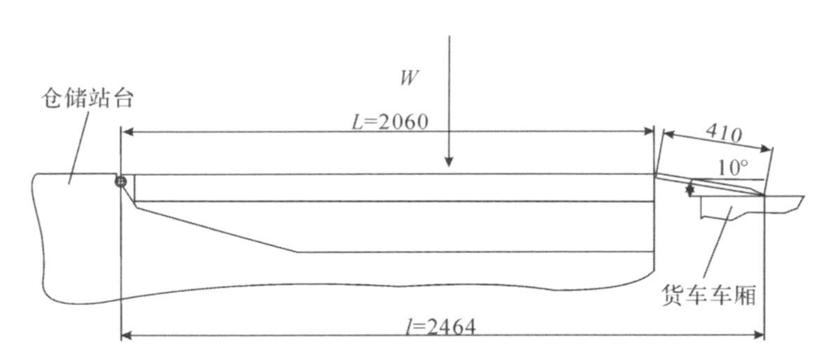

图4-16 台面板支承跨度示意图

图4-16中,W为载荷,L是台面板长度,也可根据客户需要加长,搭板长度为410～450mm。l为台面板支承跨度,载荷假设作用在跨中,这样就把箱体结构的台面板简化为平面简支梁进行计算。简支梁载荷作用在跨中时,最大挠度计算公式为

$$f_{\max}=\frac{Wl^3}{48EI}$$

从上式可知,最大挠度与载荷成正比、与跨度的三次方成正比,与惯性矩成反比。因此,就台面板的刚度而言,台面板的跨度对挠度的影响特别明显。当用户要求台面板长度大于2m时,需对最大挠度进行验算,确保$f_{\max}\leqslant l/400$。如需重新设计计算,则可调整台面板横截面的惯性矩,进行修改设计或重新设计。

4.4.3 台面板的基本结构

台面板根据载荷及纵梁布置间距，通常均采用6mm花纹(扁豆型)钢板，纵梁采用型钢，如方形焊管、矩形焊管、槽钢、工字钢等。纵向两端有端板，两侧有300mm宽的护板，在护板内侧还要布置能伸缩的活动护板，故两边内侧留有一定的空间。台面板宽×长横截面结构参考图见图4-17。

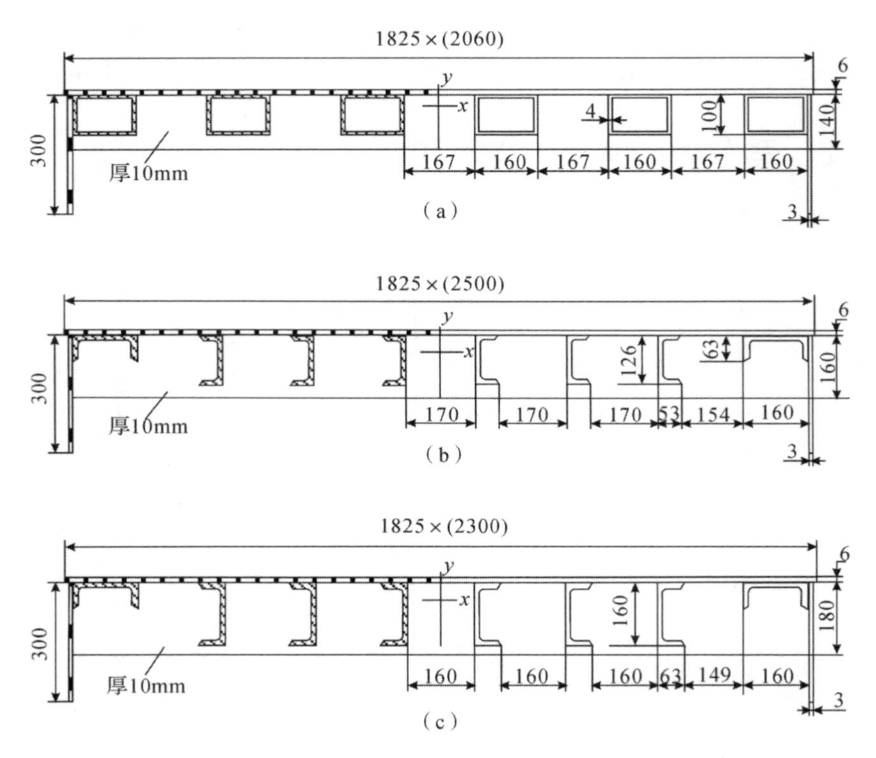

图4-17 台面板宽×长横截面结构参考图

从图4-17可见，截面图形关于 Y 轴是左右对称的，而对 X 轴来说上下是不对称的。在传统力学计算中，要计算横截面对中性轴 X 的惯性矩 I_X 和抗弯截面系数 W_X，是相当烦琐的工作，使用相关绘图软件中的“面域/质量特性”则可很容易解决此问题。

1. 图 4-17(a)

惯性矩：$I_X = 76544623\text{mm}^4$

抗弯截面系数：$W_X = 1919374\text{mm}^3$

截面积：$S = 24826\text{mm}^2$

台面板支承跨度：$l = 2464\text{mm}$

台面尺寸(宽×长)：1825mm×2060mm

载重量适用范围：9000kg、12000kg、14000kg、16000kg

2. 图 4-17(b)

惯性矩：$I_X = 86582832\text{mm}^4$

抗弯截面系数：$W_X = 2150058\text{mm}^3$

截面积：$S = 26560\text{mm}^2$

台面板支承跨度：$l = 2904\text{mm}$

台面尺寸(宽×长)：1825mm×2500mm

载重量适用范围：9000kg、12000kg、14000kg、16000kg

3. 图 4-17(c)

惯性矩：$I_X = 131468973\text{mm}^4$

抗弯截面系数：$W_X = 2566250\text{mm}^3$

截面积：$S = 30322\text{mm}^2$

台面板支承跨度：$l = 3404\text{mm}$

台面尺寸(宽×长)：1825mm×3000mm

载重量适用范围：9000kg、12000kg、14000kg、16000kg

4.5 液压登车桥

液压登车桥液压系统原理图见图 4-18。液压登车桥操作简单，控制盒上有两个按钮：【启动/停止】和【起升/下降】。按一下【启动/停止】按钮，电动机启动油泵工作，液压油经液压控制单向阀 6、可调节流阀 10 返回油箱(用户无特殊要求，通常不配置常开型两位两通电磁阀 11)。如再按一下【启动/停止】按钮，电动机及油泵即停止工作。

在启动的情况下，按住【起升/下降】按钮，阀 6 打开，液压油进入起升油缸

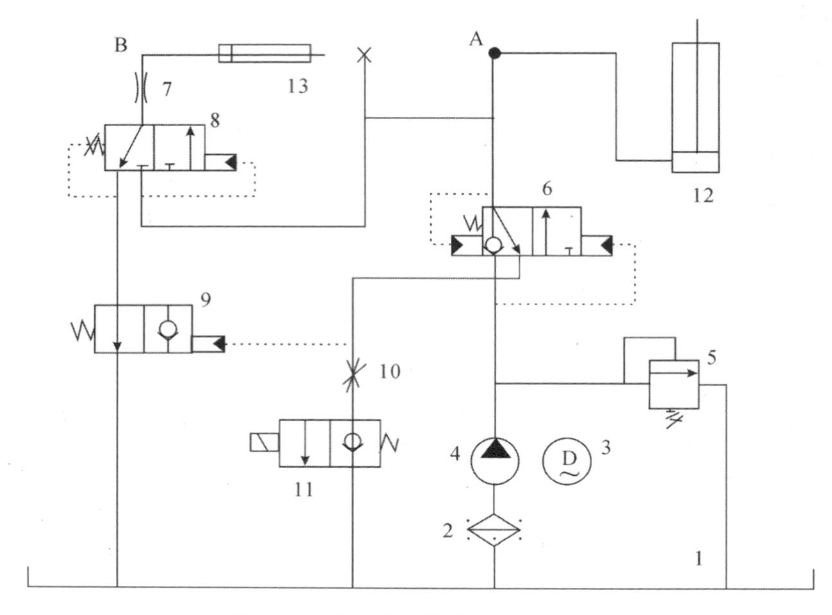

图 4-18　液压登车桥液压系统原理图

12 的底部，台面板升起，直到升起到位。随之系统中油压升高，达到一定值时，压力控制换向阀 8 打开，液压油经节流阀 7 进入搭板油缸 13 的底部、直到搭板升起到位，此时压力控制截止阀 9 处于关闭状态。从实际使用要求出发，搭板紧接着要搭到货车厢底板上，就必须松开【起升/下降】按钮，电动机油泵停止工作，台面板在自重作用下开始下降。此时搭板液压回路处于保压状态，搭板不会下垂。直到搭板搁到货车厢底板上，起升油缸和搭板油缸的外载荷已经解除。

在台面板下降过程中，按住起升按钮，搭板自动下垂，此时松开按钮，登车桥回复到非工作状态。

由于起升油缸的外载荷来自台面板和搭板的自重作用，搭板油缸的外载荷搭板自重作用，同时在液压系统中有多种液压控制阀的作用，在起升和下降过程中，台面板与搭板之间的动作是顺序化执行的。由于系统的液压和流量均不大，所以液压动力单元的功率一般还不到 1kW。

搭板打开的条件：

搭板的工作范围是以工作台面的水平线为准，±300mm，这样能满足不同类型的货车厢底板高度的要求。搭板的工作范围是±300mm(图 4-19(a))时，＋300mm 的台面板与水平面夹角为 9.25°，－300mm 的台面板与水平面夹角为 5.03°。如果用户的装卸作业特点为经常在接近＋300mm 工作，只有内燃机 2500kg 额定载重量的集装箱叉车，其满载最大爬坡度才能满足这种工况要求。但这种规格的登车桥同样适用电动集装箱叉车，因为安装登车桥的站台高度有个可选择的范围(图 4-19(b))，即 1200～1400mm。在仓储物流设备中，通常采用电动集装箱叉车。因此，须建议用户将站台高度修成 1400mm (图 4-19(c))，就能满足电动集装箱叉车满载最大爬坡度的要求。

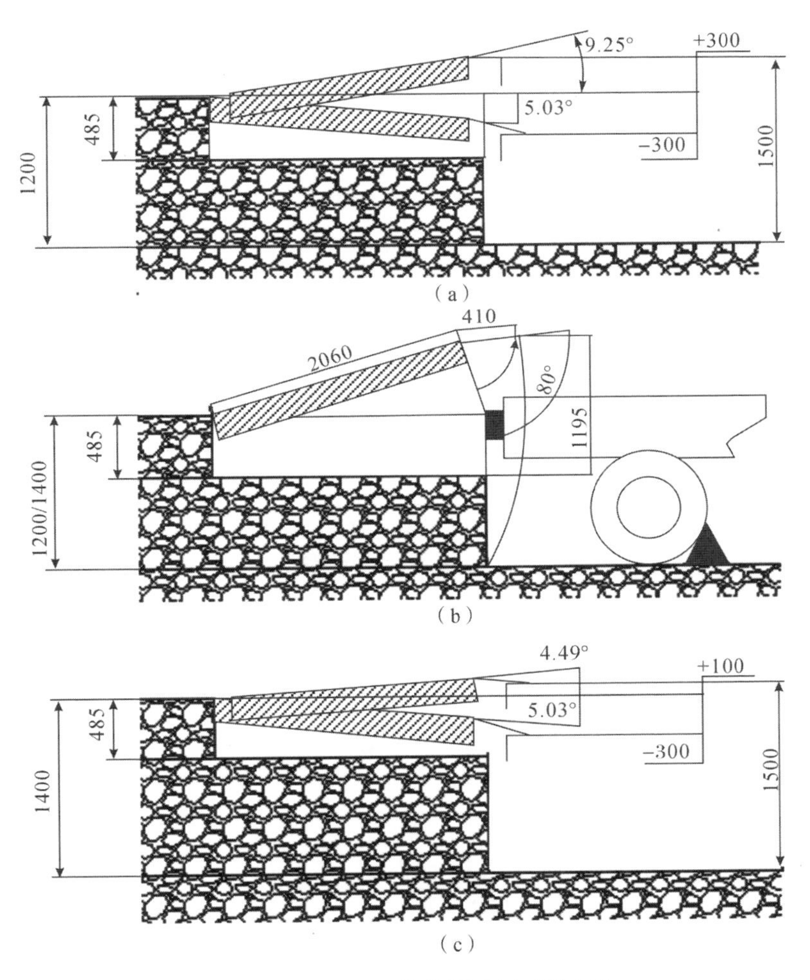

图 4-19　搭板的工作范围及打开示意图

在登车桥(机械或液压)的设计中,搭板打开的条件必须充分考虑。(1)台面板升起到位,接着搭板打开;(2)台面板升起到位的定位原则是:搭板打开过程中不得碰撞货车车厢(防止货车移动,因搭接不牢靠而造成重大事故)。根据搭板长度,通常为 410～450mm,图 4-19(b)中的数据 1195mm 可作为参照标准。

图 4-19 和图 4-17 (a)所示登车桥的台面板(2060×1825)、最低高度(台面板水平状态为 485)、搭板(410×1800)的尺寸,均系机械登车桥样机的原始数据。常见的登车桥结构尺寸:

台面板长	2060mm
台面板宽	1825mm
台面最低高度	485mm
搭板长	410mm
搭板宽	1800mm

供应欧洲用户的登车桥,有要求登车桥台面最低高度为 600mm。

4.6 机械登车桥

机械登车桥台面板处于升起到位状态时如图 4-20 所示。

图 4-20 中,1 为台面板。其前端与搭板铰接,后端与底座铰接。2 为操纵台面板升起(变幅)的单向自锁机构。其由齿条、齿块、链条拉杆、缓冲弹簧套筒

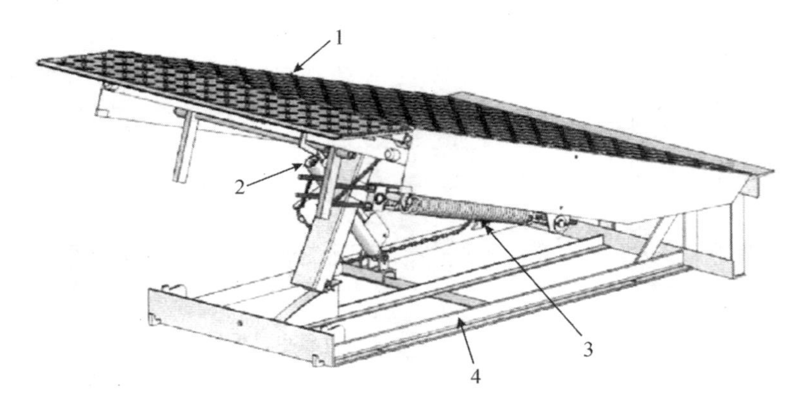

图 4-20 机械登车桥台面板处于升起到位状态

等组成，齿条的顶端与台面板下面铰接，弹簧套筒的下端与底座铰接。3 为起升机构，由四根大拉簧、立柱、滚轮、升程曲线板等组成。立柱上端与台面板下面铰接，中部与拉簧铰接，下端的滚轮压在升程曲线板的曲面上，升程曲线板固定在底座上。4 为底座。

机械登车桥台面板与搭板升起到位后如何下降？不同于液压登车桥依靠台面板自重下降。在图 4-20 所示状态下，当操作人员在台面板上从低到高走动时，台面板下降（变幅），四个大拉簧拉长（积蓄能量），此时齿条在齿块上打滑。如果反向走动，台面板在拉簧作用下，立即转为起升，此时齿条齿块啮合，反向自锁。所以，当操作人员拉动自锁装置链条，齿块与齿条由啮合强制脱开，拉簧的蓄能被释放，台面板立即升起。在台面板升起到位的时候，立柱带动推杆将搭板抬起到位。因此，大拉簧的蓄能与释放成了台面板和搭板升起的动力。大拉簧刚度若偏大，靠人力台面板会踩不下去。大拉簧刚度若偏小，就不能将台面板与搭板升起到位。所以，大拉簧和升程曲线板的设计是机械登车桥设计的关键。

图 4-21 所示为机械登车桥机构组成，台面板 1 与搭板 6 铰接，最大转角为 80°，大拉簧组 2 通过 M20 螺杆可调节弹簧松紧，并通过螺套接头与滚轮摇臂铰接。摇臂的下端与底座铰接，上端的滚轮与升程曲线板 3 的曲面线接触。单向自锁机构 5，在不打开自锁并在外力作用台面板情况下，台面板只能下降，不能升起。机构 5 的弹簧套筒下端与底座铰接，可伸缩、自锁的长条板上端与台面板下铰接。气压弹簧 7 辅助推出搭板升起、阻尼搭板快速下降。搭板升起机构 8 既能限制台面板升起到位，又能在升起到位时靠拉链或钢丝绳拉紧的冲击力使搭板升起到位，与此同时气压弹簧也伸出到位。可以看出，台面板能够升起，必须是拉簧组通过滚轮对台面板的支撑力 $F>P$（台面板和搭板的自重通过升程曲线板给滚轮的压力）。台面板的升降反映拉簧组 F 力的变化，与台面板和水平之间的夹角成反比。台面板的升降也反映 P 力的变化，与上述夹角也成反比。这说明 F 力和 P 力的变化趋向是相同的。要使台面板在升降过程中，即在不同夹角情况下 F 与 P 的差值接近于常数，这样，当操作人员走上台面或略向前走上几步，台面板就会下降。这就是升程曲线板设计的基本要求。

4.6.1 大拉簧的结构及刚度计算

大拉簧（见图 4-22）设计的基本要求：台面板必须满足在额定载荷作用下的

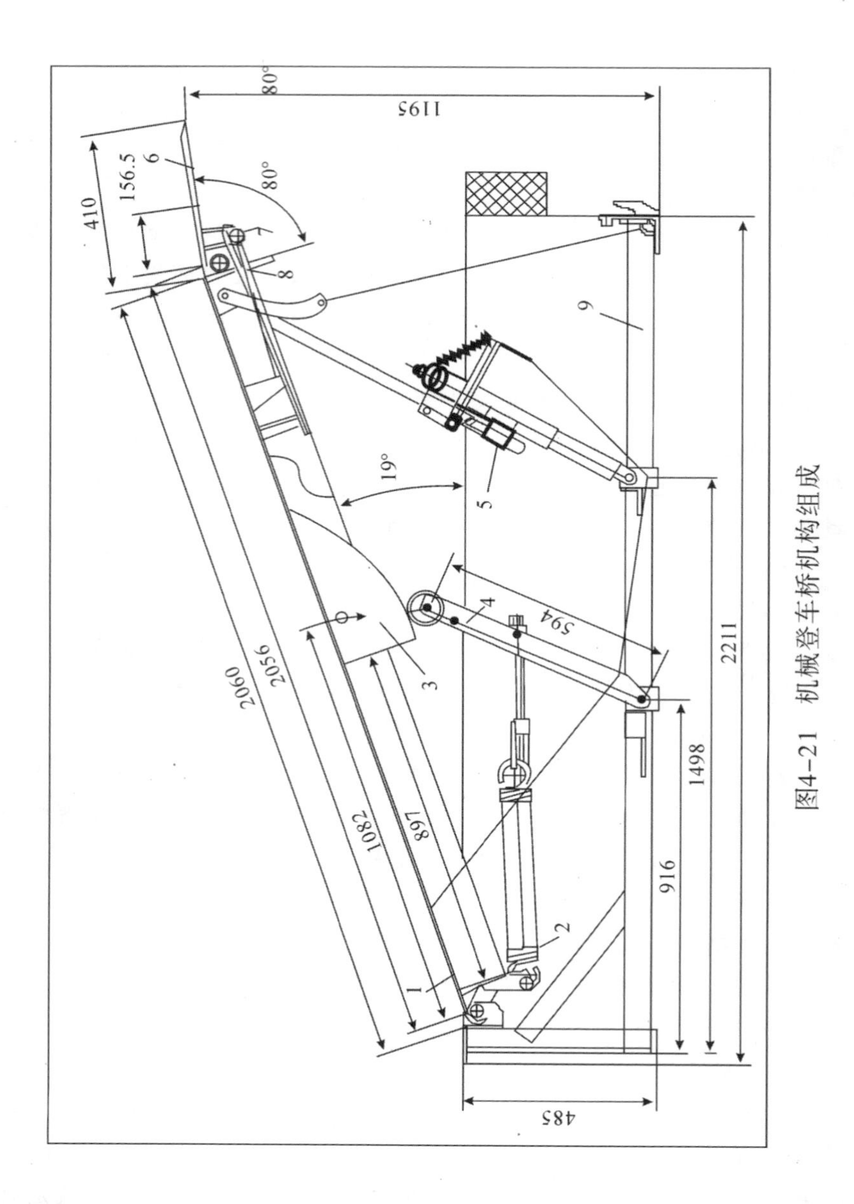

图4-21 机械登车桥机构组成

强度和刚度条件；台面板应设计成结构简单、重量轻，容易满足大拉簧的一般制造工艺条件。因此，机械式登车桥通常不适合于重载或登车桥台面板加长的设计和应用。

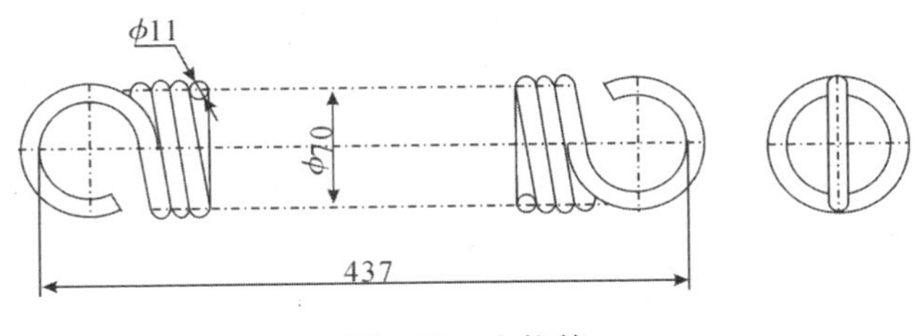

图 4-22 大拉簧

技术条件：

1. 丝径：$d=11\text{mm}$
2. 中径：$D=70\text{mm}$
3. 圈数：$n=28$
4. 旋向：右旋
5. 端部结构：圆钩环
6. 自由长度：437mm
7. 材质：$60Si_2Mn$
8. 表面处理：发黑
9. 制造技术条件：按 GB/T 1239.2—2009，二级精度

拉簧刚度 $F'=\dfrac{Gd^4}{8D^3n}=\dfrac{78800\times(11)^4}{8\times(70)^3\times 28}=15(\text{N/mm})$

式中：G——弹簧材料的切变模量（$60Si_2Mn$，$G=78800\text{MPa}$）。

4.6.2 升程曲线板

从图 4-20 可见，机械登车桥的升程曲线板安装在底座上，带滚轮的立柱上端与台面板下铰接，下端的滚轮与曲线板的曲面接触。这种结构形式给台面板下附加重量较大，现已作改进（见图 4-21）。

机械登车桥曲线板 19°坐标点计算如图 4-23 至图 4-27 所示。

$$P=\frac{P_1\times 1027.6+P_2\times 2097.5\times 9.8}{1037.7}=5821(\text{N})(\downarrow)$$

图 4-24 中：

P_1——台面板重量(kg)；

P_2——搭板重量(kg)；

F_1——四支大拉簧的拉力(N)。

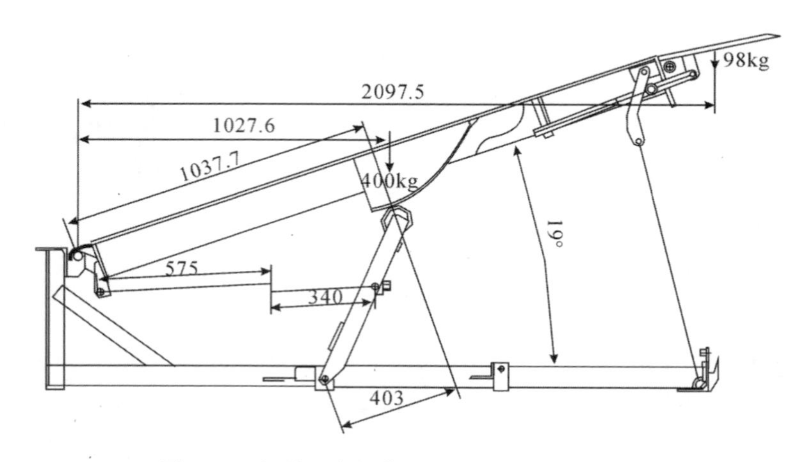

图 4-23　机械登车桥曲线板 19°坐标点计算总图

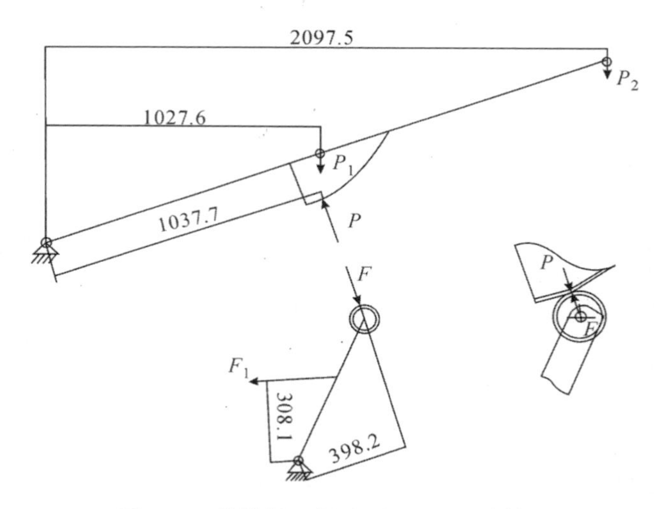

图 4-24　曲线板 19°坐标点 P 及 F 计算图

$$F=\frac{4\times1.53\times(575-437)\times308.1}{398.2}\times9.8=6399(\mathrm{N})(\uparrow)$$

$$F-P=6399-5821=578(\mathrm{N})(\uparrow)$$

对一个产品而言，台面板自重形成的外载荷是不变的，拉簧可以根据使用实际要求进行调整。

从图 4-27 的 F 和 P 两条曲线可以看出，垂直间距均为 60kg 左右，如果需要台面板下降，假设操作者的体重为 65kg，从台面板回转轴起向前走多远台面板就会下降？参照图 4-24 的计算方法进行计算：设 X 为未知数，平衡条件是 P

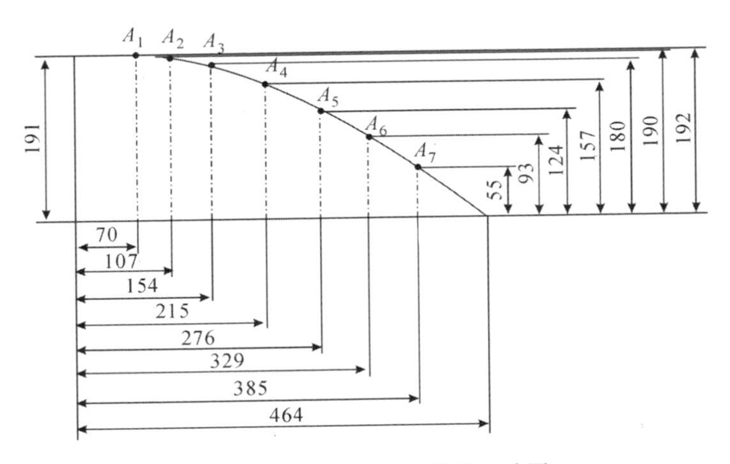

图 4-25 曲线板坐标点位置尺寸图

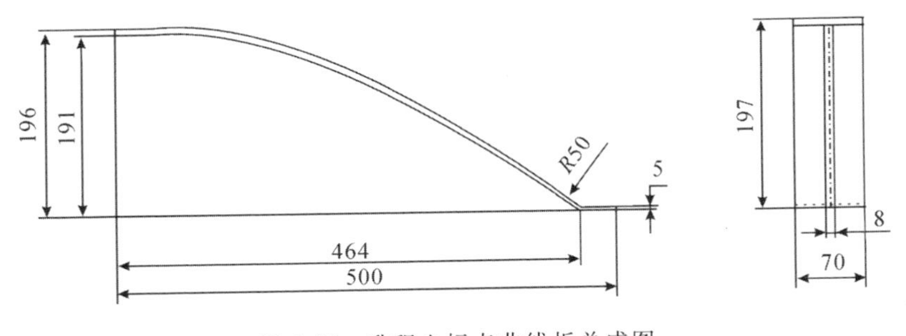

图 4-26 升程坐标点曲线板总成图

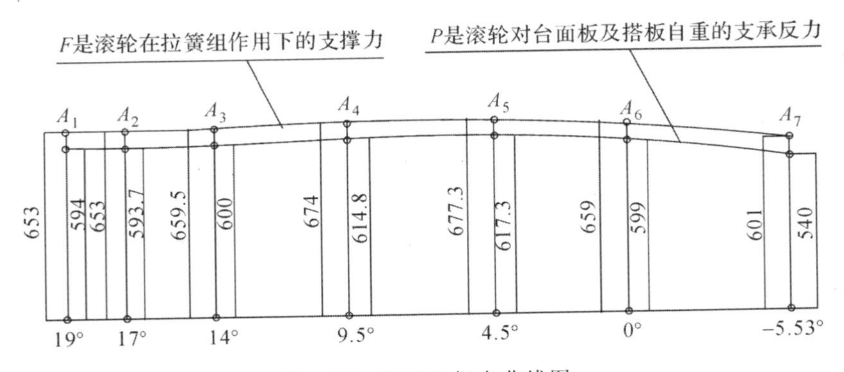

图 4-27 P、F 坐标点曲线图

$=F$，则

$$P=\frac{P_1\times1027.6+P_2\times2097.5+65\times X}{1037.7}=F=654(\mathrm{N})$$

$$X=\frac{654\times1037.7-400\times1027.6-98\times2097.5}{65}=955(\mathrm{mm})=0.955(\mathrm{m})$$

即向前走约1m，台面板就会随着下降。

4.7 实心轮胎压机

为了提高满载高起升的稳定性和安全性，也为了在恶劣场地如钢铁、冶金、玻璃等行业工作环境使用，叉车普遍使用实心轮胎。实心轮胎压机（见图4-28）

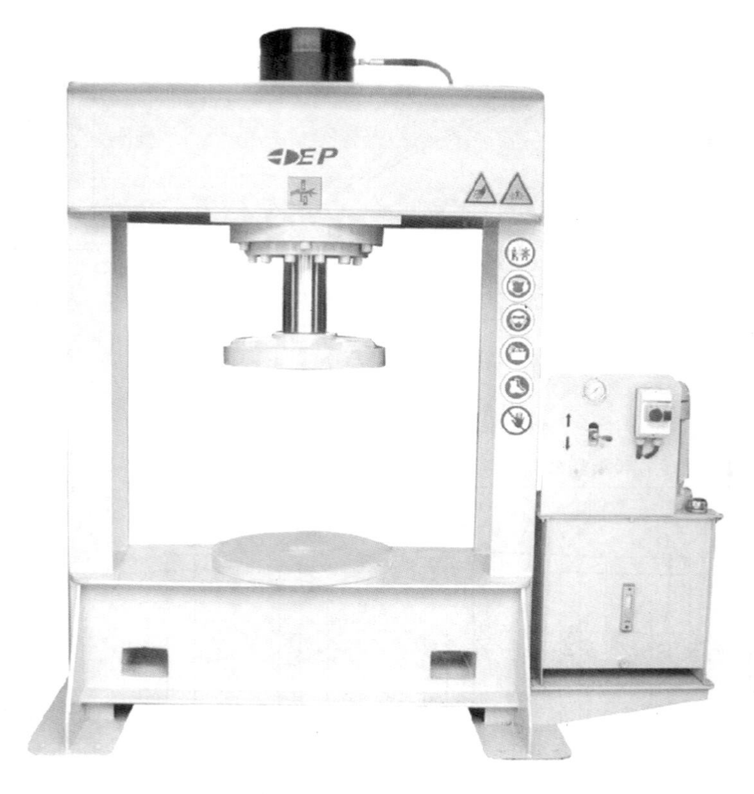

图4-28 实心轮胎压机

就是专用于实心轮胎与轮辋装拆的电动液压设备，其配有一整套装拆工具，以满足常用的不同规格尺寸的实心轮胎使用。

实心轮胎压机由门框式机架、双作用油缸、液压站及控制按钮和一整套专用装拆工具组成。机架是用工字钢、槽钢及优质钢板焊接而成的框架结构，具有良好的强度和刚度。实心轮胎压机系列技术参数见表 4-1。

表 4-1 实心轮胎压机系列技术参数

技术参数	TP80	TP120	TP160	TP200
最大压力(ton)	80	120	160	200
最大轮钢直径(inch)	15	20	20	20
总长(mm)	1610	2090	2090	2090
总宽(mm)	700	850	850	850
总高(mm)	2170	2210	2210	2210
框内最大开档(mm)	900	1200	1200	1200
最大工作液压(MPa)	21	25	33	33
油缸行程(mm)	100	100	100	100
油箱容量(L)	30	50	50	60
电机功率(kW)	5.5	5.5	7.5	11
自重(kg)	1100	1510	1610	2110

4.7.1 液压系统原理图

120 吨实心轮胎压机液压系统原理图见图 4-29。其采用双路液压自锁阀，使油缸活塞可以在行程的任意位置上锁紧，锁紧精度比较高。油缸排油时采用可调节流阀，其优点是能使活塞在向下运动时具有背压，防止活塞突进，从而使动作平稳。

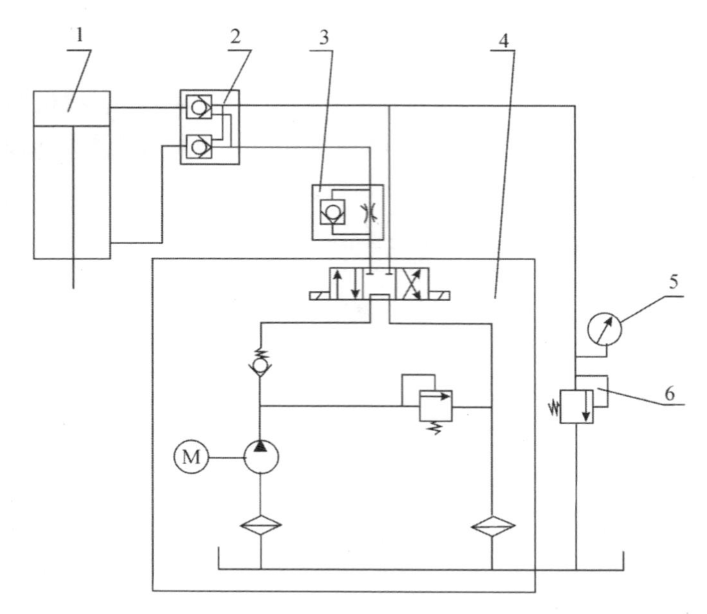

1—油缸；2—双路液压自锁阀；3—流量调节阀；
4—液压动力单元；5—防震压力表；6—溢流阀
图 4-29　120 吨实心轮胎压机液压系统原理图

4.7.2　机架立柱的强度验算

120 吨压机油缸缸径 $D=260\text{mm}$，最大工作油压 $p=25\text{MPa}$，立柱为工字钢型号 32b，截面积 $S=7345\text{mm}^2$，许用拉伸应力 $[\sigma]=170\text{MPa}$，许用剪切应力 $[\tau]=100\text{MPa}$。

【验算 1】

$$\sigma=\frac{\dfrac{25\times\pi\times D^2}{4}}{2\times S}=\frac{25\times\dfrac{\pi\times(260)^2}{4}}{2\times 7345}=90.4(\text{MPa})<[\sigma]=170(\text{MPa})$$

【验算 2】

根据正、侧联合搭接焊缝的接头受拉或受压剪切强度计算公式：

$$\tau=\frac{P}{0.7K\sum l_x+\sum\dfrac{\pi d^2}{4}}\leqslant[\tau]$$

$$\tau=\frac{25\times\frac{\pi\times(260)^2}{4}}{0.7\times10\times4\times(2\times122+2\times380)+4\times4\times\frac{3.1416\times20^2}{4}}$$

$$=\frac{1327326}{33138.56}=40(\text{MPa})\leqslant[\tau]=100(\text{MPa})$$

4.7.3 横梁刚度验算

120 吨压机横梁由两根槽钢组成，槽钢型号为 40b，弹性模量 $E=2\times10^5\text{MPa}$，惯性矩 $I=18644.5\times10^4\text{mm}^4$，横梁跨度 $l=1164\text{mm}$，跨中集中载荷 $P=120\text{t}$，许用刚度 $[f]=\frac{l}{400}=\frac{1164}{400}=2.91(\text{mm})$。

【验算】

$$f=\frac{Pl^3}{48EI}=\frac{\frac{25\times\pi\times(260)^2}{4}\times(1164)^3}{48\times2\times10^5\times2\times18644.5\times10^4}=0.6(\text{mm})<[f]=2.91(\text{mm})$$

4.7.4 实心轮胎

实心轮胎结构尺寸如图 4-30 所示。

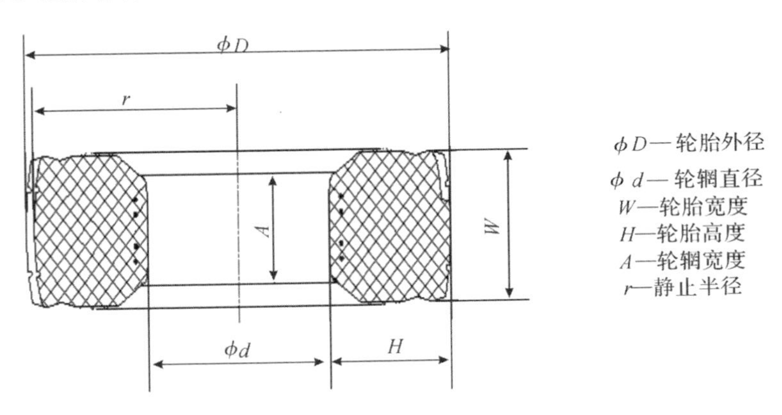

图 4-30 实心轮胎结构尺寸

标准型弹性实心轮胎，在外形上与相同尺寸的充气轮胎是一样的，轮辋有四种结构，如图 4-31 所示。

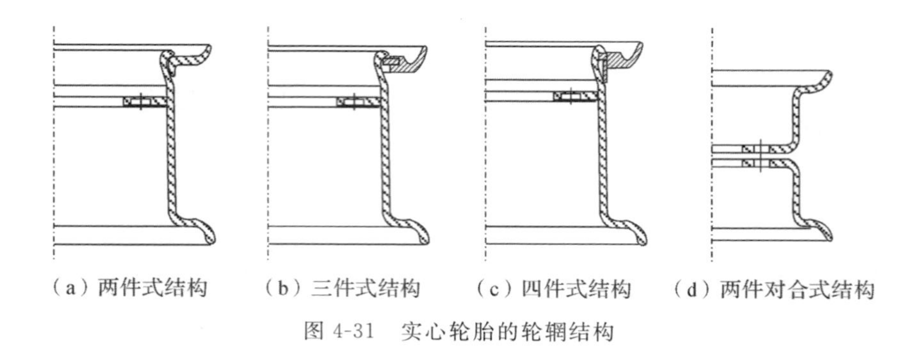

图 4-31　实心轮胎的轮辋结构

4.7.5　实心轮胎结构尺寸的标注方法

实心轮胎结构尺寸的标注方法如下：

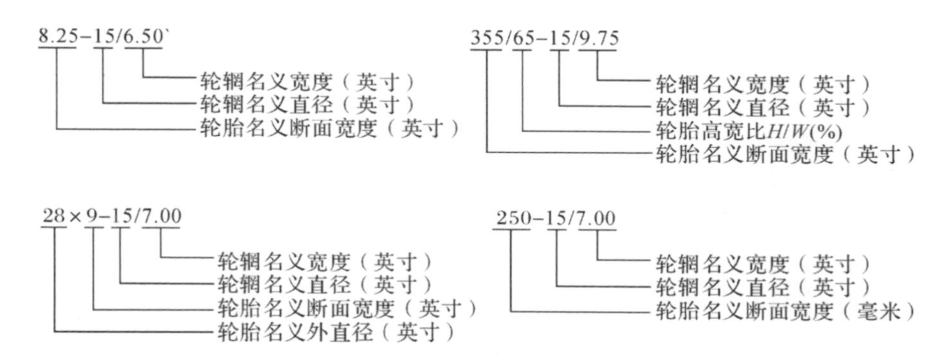

4.7.6　钢圈压配式实心轮胎

钢圈压配式实心轮胎的结构尺寸如图 4-32 所示。

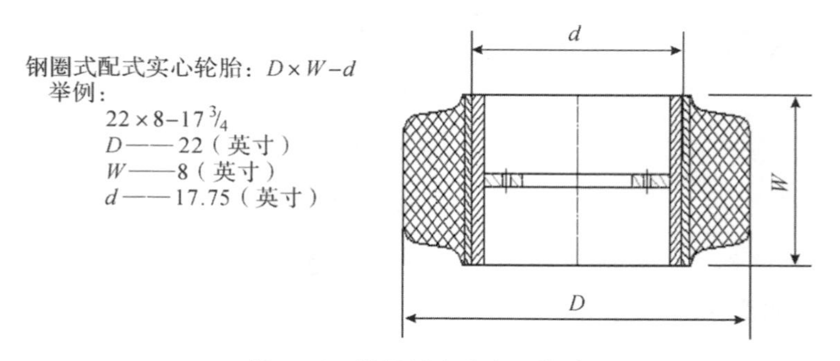

图 4-32　钢圈压配式实心轮胎

4.7.7 装拆工具的使用

1. 轮辋压入实心轮胎

如图 4-33 所示，将轮辋压入端向上，平放在轮辋支承座 2 上。轮辋压入端插装导向锥 1，三个可调螺钉使导向锥与轮辋大致同心。在轮胎上端面上放置压圈 3，在压机活塞杆法兰盘下有四个可调压脚，作用在压圈上图示箭头方向。准备工作中，在轮胎最先接触轮辋的内侧表面上，涂上液态肥皂。

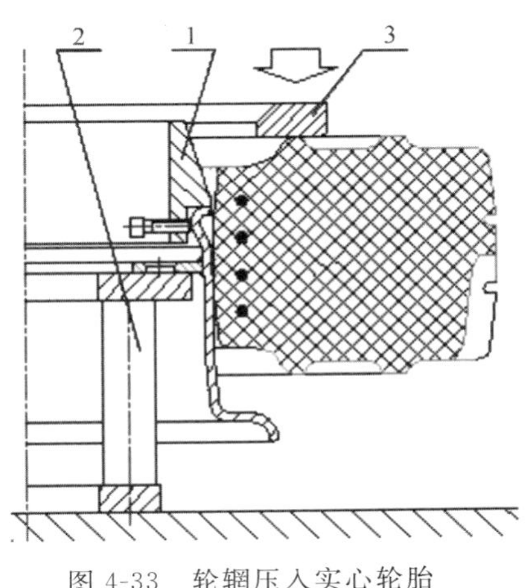

图 4-33　轮辋压入实心轮胎

2. 锥形涨紧圈的压入

锥形涨紧圈的压入如图 4-34 所示。

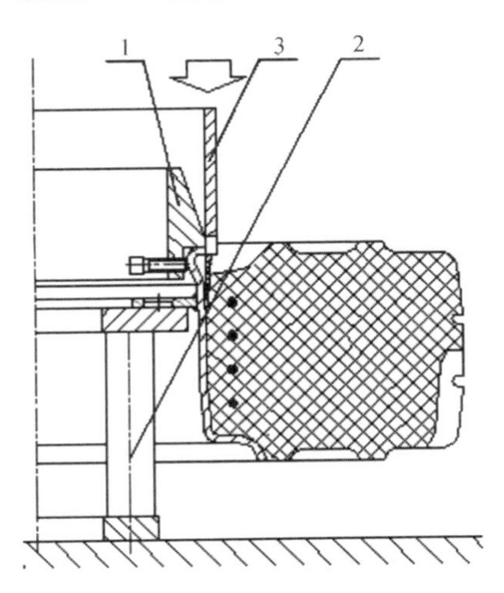

图 4-34　锥形涨紧圈的压入

这道压装工序是在轮辋压入轮胎后进行的。筒形压圈 7 的四个缺口向下，须均匀地作用在筒形压圈的上端面上。

3. 锁紧圈的安装

当锁紧圈处于图 4-35 所示状态，此时锁紧圈的反弹力达到最大，应借助工具，直到锁紧圈嵌入轮辋环槽中。

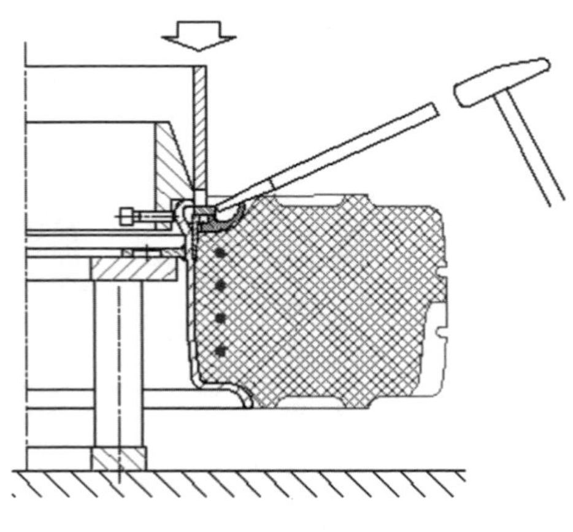

图 4-35　锁紧圈的安装

4.锁紧圈的拆卸

拆卸实心轮胎的关键是锁紧圈(见图 4-36),为把锁紧圈从轮辋环槽中拆卸出来,须使用螺丝刀类工具插入锁紧圈接缝缺口,使锁紧圈缺口水平外移,同时配合使用撬棍,以圆周为支撑点将锁紧圈一步一步撬离轮辋的环槽。在整个撬离过程中,应采取必要的防范措施,防止反弹力过大以致锁紧圈突然弹出伤人。

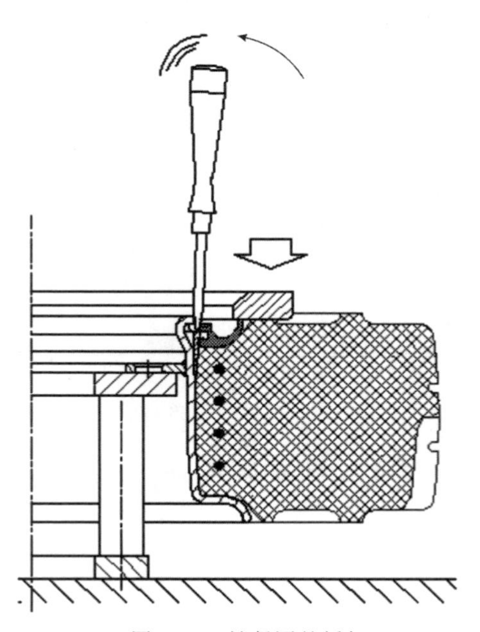

图 4-36　锁紧圈的拆卸

5 工装夹具概述

工装夹具是电动仓储设备生产准备工作的重要内容之一。用于电动仓储设备制造中的工装夹具，既有用于机械加工的机床夹具，也有用于焊接加工的焊接夹具。工装夹具的质量对产品质量、生产效率、劳动强度、加工成本、生产安全等有直接的影响。

5.1 基准的概念

基准又叫基准面，它是一些点、线、面的组合，用它们来确定同一零件的一些点、线、面的位置或者与其他零件的位置。

根据用途，基准可分为设计基准和工艺基准。

5.1.1 设计基准

设计基准是设计图样上所采用的基准，它是用来决定零件在整个结构或部件中相对位置的点、线、面的总称。图 5-1 中的平面 A 是决定平面 B、平面 D 及孔 F 的设计基准，所以设计基准是确定工件各部分位置关系的依据。

5.1.2 工艺基准

在工艺过程中采用的基准，它是加工装配过程中用来进行定位、安装零件位置的点、线、面。

工艺基准又可分为工序基准、定位基准、装配基准和测量基准。

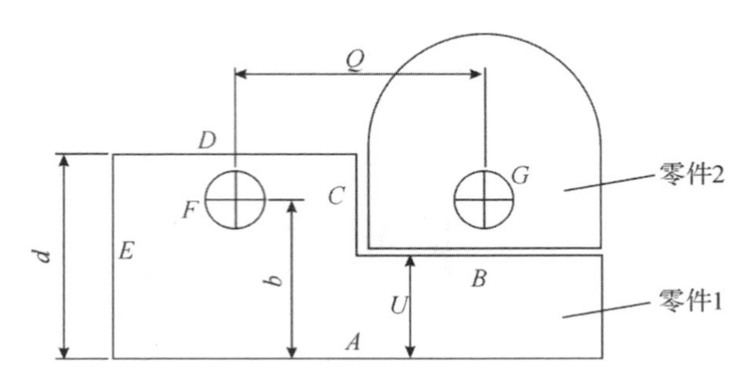

图 5-1　设计基准与工艺基准

1. 工序基准

工序基准是工序图上用来确定本工序所加工表面在加工后的尺寸、形状和位置的基准。

2. 定位基准

定位基准是零件在夹具中定位时所依据的点、线、面。图 5-1 中零件 1 的平面 A 和平面 E 即是定位基准面。平面 A、B、C 都是定位基准面。

3. 装配基准

装配基准是夹具中决定各零件相对位置的点、线、面。如图 5-1 中零件 1 平面 B 和 C，或平面 B 和孔 F 的中心点即是零件 2 的装配基准。

4. 测量基准

测量基准是在加工和装配过程中用以检查零件位置或工艺尺寸所依据的点、线、面。如图 5-1 中的平面 A 是测量孔 F 的基准，孔 F 又是测量零件 2 孔 G 的测量基准。

工件在夹具中的定位是通过工件上的定位基准与定位器工作表面接触或配合来实现的。在设计夹具时，首先应根据工件的形状选择合理的基准，工件上被选作定位基准的通常是平面、外圆柱面、圆孔、圆锥面、型面等，在选择基准时常常将设计基准作为定位、装配和测量基准，即遵循“基准重合”的原则。

5.2 工装设计的基本原则

5.2.1 快速响应原则

根据新产品研发、生产的理念和思路，工装设计必须与之相适应。提高工艺装备标准化、系列化、通用化程度的重要标志是使更多的专用工装，设计成可调整、在一定范围内适用的可调工装；设计成一次性装夹，完成钻、铰两道工序加工，这也是组合夹具的设计特点和原则之一。它不但能替代部分镗床夹具，而且还可以形成具有一定专业特点的标准化、系列化、通用化水平的快换钻套、快换铰套和钻模板孔径系列的标准化夹具元件。

5.2.2 经济性原则

经济性原则就是力求用最少的人力、物力、财力和时间来获得最大的成效。是否采用工装，采用何种类型的工装，在很大程度上取决于生产纲领(年产量)和生产类型(单件、小批，中小批量，大批，大量)。在当今世界范围内，工业产品80%以上为中小批量生产类型，这样的生产类型不适合采用大量的专用工装或自动化生产线。由于工装的设计和制造费用都要摊入产品制造成本中，故在设计时需要进行技术经济性分析和方案论证。工装的经济性分析应符合下列不等式：

$$A_1+W_1+F_1+J/N<A_0+W_0+F_0 \tag{5-1}$$

式中：A_1——采用工装进行装配的工序费用(元)；

W_1——采用工装进行焊接的工序费用(元)；

F_1——采用工装进行机加工的工序费用(元)；

J——工装制造费用(元)；

N——采用工装制造的工件数(元)；

A_0——未用工装进行装配的工序费用(元)；

W_0——未用工装的焊接工序费用(元)；

F_0——未用工装的机加工工序费用(元)。

在中小批量生产中应尽量采用通用的、标准的工装夹具零件或组件；尽量采用在一定范围内可通用的可调夹具。把可调整夹具、组合夹具和成组夹具的优越性充分应用到工装设计中去,就能显著提高工装设计的技术经济效果。

5.2.3　可靠性原则

以往可靠性原则仅注重工装的结构强度和刚度,而忽视产品制造的可靠性。工装最基本的功能是:正确定位,可靠夹紧,保证质量,提高工作效率,减轻劳动强度。所以,所谓可靠性不仅与工装设计有关,而且与工装使用也有关,如果设计不到位或使用不规范,都会造成废品或返工。

5.3　机床夹具

机床夹具就是各种金属切削机床上装夹工件、进行机械加工用的工艺装备。

5.3.1　定位误差的分析

六点定位原则解决了消除工件自由度的问题。但是,一批工件在夹具中定位时,各个工件所占据的位置并不完全一致,即会出现工件定位准与不准的问题。如果工件在夹具中所占据的位置不准确,加工后各工件的加工尺寸必然大小不一,形成误差。这种只与工件定位有关的误差,称为定位误差,用 Δ_D 表示。

在工件的加工过程中,产生误差的因素很多,定位误差仅是加工误差的一部分,为了保证加工精度,一般限定,定位误差不超过工件加工公差 T 的1/5～1/3,即

$$\Delta_D \leqslant (1/5 \sim 1/3)T \tag{5-2}$$

造成定位误差的原因有两个:一是定位基准(通常为设计基准)与工序基准不重合,由此产生基准不重合误差 Δ_B;二是定位基准与限位基准不重合,由此产生基准位移误差 Δ_Y。计算定位误差首先要找出工序基准,然后求出其在加工尺寸上的最大变动量。

1.基准不重合误差 Δ_B

图 5-2 为铣缺口工序简图，加工尺寸是 A 和 B，工件以底面和 E 面定位，C 是确定夹具与刀具相对位置的对刀尺寸，在同一批工件的加工过程中，C 的大小是不变的。

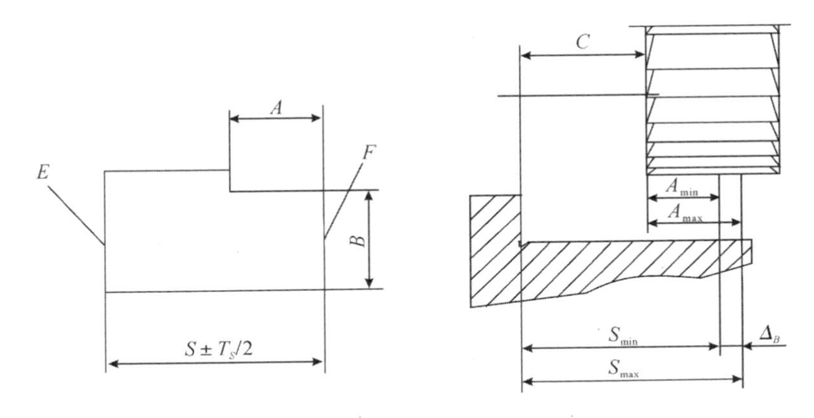

图 5-2 铣缺口工序简图

对尺寸 A 而言，工序基准是 F 面，定位基准是 E 面，两者不重合。当一批工件逐一在夹具上定位时，受到尺寸 S 的影响，工序基准 F 面的位置是变动的，而 F 面的变动影响了 A 的大小，给尺寸 A 造成误差，这就是基准不重合误差。S 是定位基准 E 和工序基准 F 间的距离尺寸，称为定位尺寸。基准不重合造成加工尺寸的变动范围：

$$\Delta_B = A_{max} - A_{min} = S_{max} - S_{min} = T_S \tag{5-3}$$

即基准不重合误差等于定位尺寸的公差：

$$\Delta_B = T_S \tag{5-4}$$

注意：当工序基准的变动方向与加工尺寸的方向不一致，存在夹角 α 时，基准不重合误差等于定位尺寸的公差在加工尺寸方向上的投影：

$$\Delta_B = T_S \cos\alpha \tag{5-5}$$

当工序基准的变动方向与加工尺寸的方向相同时，即 $\alpha = 0$，$\cos\alpha = 1$，所以 $\Delta_B = T_S$。

2.基准位移误差 Δ_Y

有些定位方式，即使是基准重合，也可能产生另一种定位误差。

由于定位副(工件的定位表面和定位元件的工作面)的制造公差和最小配合间隙的影响，定位基准相对于理想位置的最大变动量，称为基准位移误差 Δ_Y。

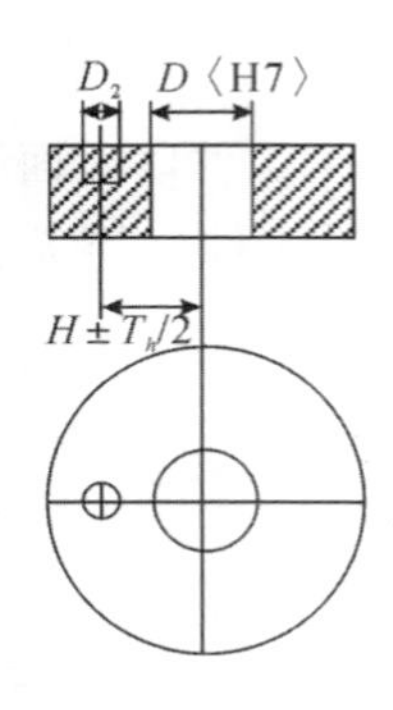

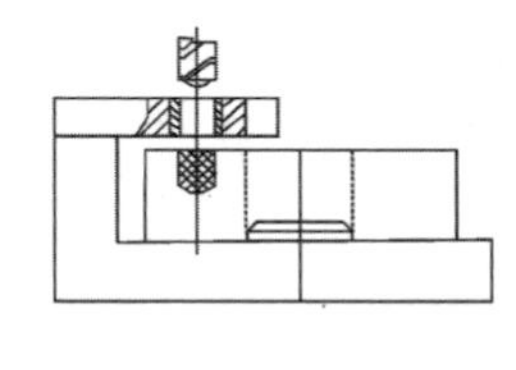

图 5-3　圆盘钻孔工序图

图 5-3 中尺寸 D_2 由钻头保证，尺寸 $H\pm\frac{T_h}{2}$ 由夹具保证，定位基准和工序基准都是内孔中心线，两基准重合。钻套中心与定位盘中心之距离 $H\pm\frac{T_h}{2}$，由于定位孔 D 和定位盘直径 d 都存在制造误差，孔与盘之间留有最小间隙 X_{min}。因此，工件的定位基准和定位盘中心不可能完全重合。从图 5-4 可见，当工件孔的直径为最大(D_{max})、定位盘直径为最小(d_{min})时，定位基准的位移量 I 为最大(I_{max})，加工尺寸 H 也最大(H_{max})；当工件孔的直径为最小(D_{min})、定位盘直径为最大(d_{max})时，定位基准的位移量 I 为最小(I_{min})，加工尺寸也最小(H_{min})。因此：

$$\Delta_Y=H_{max}-H_{min}=I_{max}-I_{min}=T_h \tag{5-6}$$

式中：T_h——一批工件定位基准的变动范围。

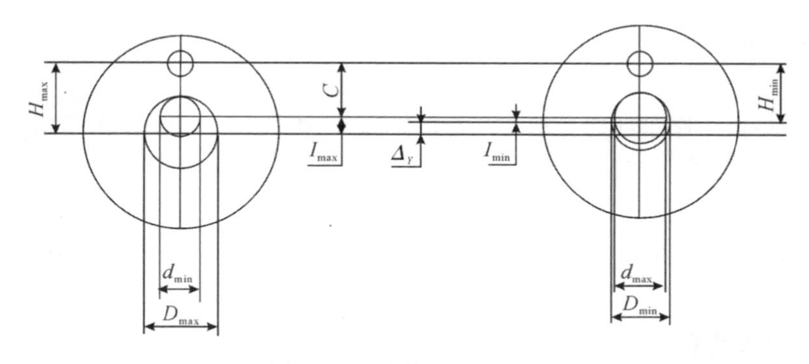

图 5-4　基准位移误差分析

5.3.2 定位误差的计算

定位误差的常用计算方法有合成法、极限位置法（直接计算出由于定位而引起的加工尺寸的最大变动范围）、尺寸链分析计算法。这里只介绍合成法。

合成法根据定位误差造成的原因，由基准不重合误差与基准位移误差组合而成。计算时，先分别算出 Δ_Y 和Δ_B，然后将两者组合而成 Δ_D。

（1）当 $\Delta_Y \neq 0, \Delta_B = 0$ 时，$\Delta_D = \Delta_Y$。

（2）当 $\Delta_Y = 0, \Delta_B \neq 0$ 时，$\Delta_D = \Delta_B$。

（3）当 $\Delta_Y \neq 0, \Delta_B \neq 0$ 时，若工序基准不在定位基面上：$\Delta_D = \Delta_Y + \Delta_B$；若工序基准在定位基面上：$\Delta_D = \Delta_Y \pm \Delta_B$。在定位基面尺寸变动方向一定（由大变小，或由小变大）的条件下，Δ_Y（或定位基准）与 Δ_B（或工序基准）的变动方向相同时，取“+”号，变动方向相反时，取“-”号。

几种典型定位情况的定位误差：

1. 工件以平面定位

如图 5-2 所示，定位基准为平面时，其定位误差主要是由基准不重合引起的，一般不计算基准位移误差。因为基准位移误差主要是由平面度引起的，该误差很小，可忽略不计。

设图 5-2 中 $S=40\text{mm}, T_S=0.15\text{mm}, A=(18\pm0.1)\text{mm}$，求加工尺寸 A 的定位误差，并分析定位质量。

【解】工序基准和定位基准不重合，有基准不重合误差，其大小等于定位尺寸 S 的公差 T_S，$\Delta_B = T_S = 0.15\text{mm}$；以 E 面定位加工 A 时，不会产生基准位移误差，即 $\Delta_Y = 0$。所以有

$$\Delta_D = \Delta_B = 0.15\text{mm}$$

加工尺寸 A 的尺寸公差 $T_A = 0.2\text{mm}$，此时

$$\Delta_D = 0.15\text{mm} > \frac{1}{3} \times T_A = \frac{1}{3} \times 0.2\text{mm} = 0.0667\text{mm}$$

由上述分析可知，定位误差太大，实际加工中容易出现废品，应改变定位方案。

2. 工件以内孔定位

定位误差与工件圆孔的制造精度、定位元件的放置形式、定位基面与定位元件的配合性质，以及工序基准与定位基准是否重合等因素直接有关。

如图 5-5 所示，存在基准位移误差，当采用弹性可胀自定心元件定位时，则定位元件与定位基准之间无相对移动，基准位移误差为零。

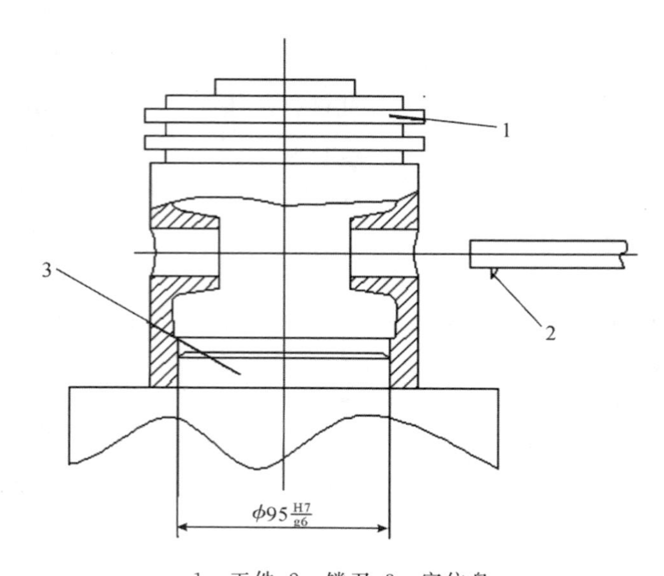

1—工件；2—镗刀；3—定位盘

图 5-5　镗活塞销孔示意图

活塞销孔轴心线（即图 5-5 中水平中心线）对活塞体定位盘轴心线（即图中垂直中心线）的对称度要求为 0.2mm。定位孔与定位盘的配合为 $\phi95\ \frac{H7}{g6}$。求对称度的定位误差，并分析定位质量。

【解】 查表可知，定位孔：$\phi95H7=\phi95_{0}^{+0.035}$，定位盘：$\phi95g6=\phi95_{-0.034}^{-0.012}$。

对称度的工序基准是定位孔轴心线，定位基准也是定位孔轴心线，两者重合，$\Delta_B=0$。

由于定位盘垂直放置，定位基准可任意转动。$\Delta_Y=D_{\max}-d_{\min}=(95+0.035)-(95-0.034)=0.069(\text{mm})$。

$\Delta_D=\Delta_B+\Delta_Y=0+0.069=0.069(\text{mm})$。

$\Delta_D=0.069>\frac{1}{3}\times0.2=0.067$。所以该定位方案可行。

3. 工件以外圆定位

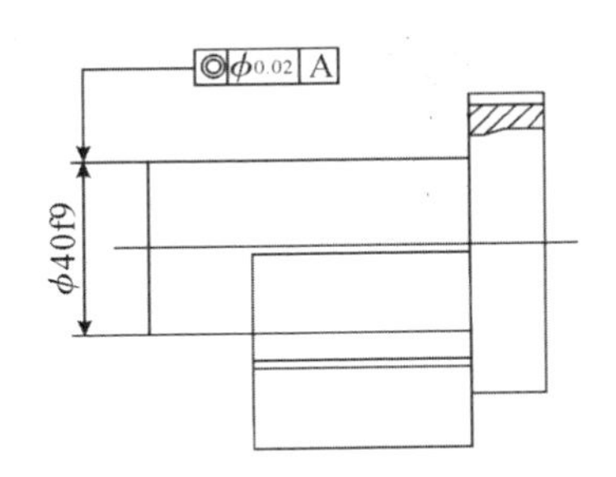

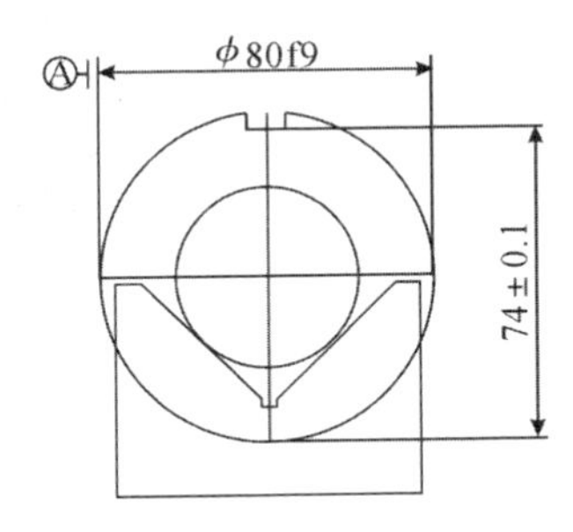

图 5-6　阶梯轴在 V 形块上定位铣槽

图 5-6 所示的定位方式是在阶梯轴上铣槽，V 形块的夹角 90°，试计算加工尺寸 74±0.1 的定位误差。

【解】查表可知，$\phi40f9=\phi40_{-0.087}^{-0.025}$，$\phi80f9=\phi80_{-0.104}^{-0.030}$。

(1)定位基准是小圆柱的轴线，工序基准在大圆柱上，基准不重合误差：

$$\Delta_B=\frac{\sigma_D}{2}+t=\frac{-0.030-(-0.104)}{2}+0.02=0.037+0.02=0.057(\text{mm})$$

(2)基准位移误差：

$$\Delta_Y=\frac{\sigma_d}{2\sin\alpha/2}=\frac{-0.025-(-0.087)}{2\times\sin45^\circ}=\frac{0.062}{2\times0.707}=0.044(\text{mm})$$

(3)工序基准不在定位基面上，则定位误差：

$$\Delta_D=\Delta_B+\Delta_Y=0.057+0.044=0.101(\text{mm})$$

4. 工件以一面两孔定位

工件以一面两孔定位时，必须注意各定位元件对定位误差的综合影响。

图 5-7 中，已知圆柱销直径 $d_1=\phi12_{-0.017}^{-0.006}$ mm，菱形销直径 $d_2=\phi12_{-0.091}^{-0.080}$ mm，求 4×ϕ3mm 孔所注工序尺寸的定位误差。

【解】连杆盖本工序的加工尺寸较多，(63±0.1)mm 和(20±0.1)mm 没有定位误差，因为它们的大小主要取决于钻套间的距离，与工件定位无关；而(31.5±0.2)mm 和(10±0.15)mm 均受工件定位的影响，有定位误差。

(1)影响加工尺寸(31.5±0.2)mm 的定位误差。由于定位基准与工序基准不重合，定位尺寸为(29.5±0.1)mm，$\Delta_B=+0.1-(-0.1)=0.2$(mm)。

由于尺寸(31.5±0.2)mm 的方向与两定位孔连心线平行：$\Delta_Y=X_{1\max}=0.027+0.017=0.044$(mm)，由于工序基准不在定位基面上，所以：$\Delta_D=\Delta_B+\Delta_Y=0.2+0.044=0.244$(mm)。

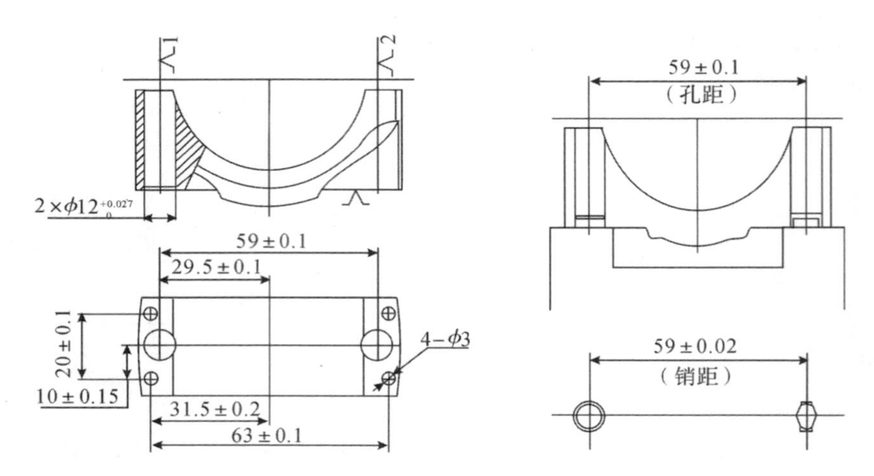

图 5-7　连杆盖工序图

(2)影响加工尺寸(10±0.15)mm 的定位误差。因为定位基准与工序基准重合，故 $\Delta_B=0$。由于定位基准与限位基准不重合：

$$\Delta_Y=X_{2\max}=0.027+0.091=0.118(\text{mm})$$

$$\tan\Delta_\alpha=(X_{1\max}+X_{2\max})/2L=(0.044+0.118)/(2\times59)=0.00137(\text{mm})$$

图 5-8 中，定位基准 O_1O_2 可作任意方向的位移，加工位置在定位孔两外侧。左边两小孔的基准位移误差为

$$\Delta_Y=X_{1\max}+2L_1\tan\Delta_\alpha=0.044+(2\times2\times0.00137)=0.05(\text{mm})$$

右边两小孔的基准位移误差为

$$\Delta_Y=X_{2\max}+2L_2\tan\Delta_\alpha=0.118+(2\times2\times0.00137)=0.124(\text{mm})$$

定位误差应取大值，故 $\Delta_D=\Delta_Y=0.124$mm。

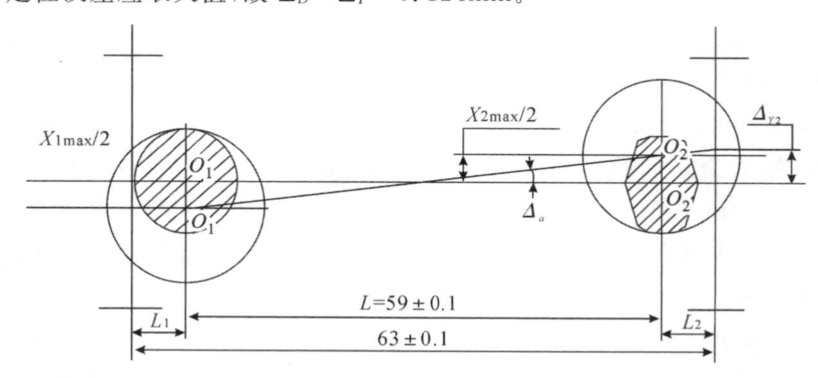

图 5-8　一面两孔组合定位的定位基准误差

5.4 焊接夹具

在焊接生产中，大多数的焊接方法都要采用局部加热。由于接头经不均匀加热，产生不均匀的塑性变形，不可避免地会产生焊接应力和变形，导致结构尺寸难以保证；焊接应力在一定条件下，可能使结构的承载能力（结构强度、刚度及稳定性等）下降。

焊接工艺装备的特点是由装配焊接工艺和焊接结构决定的。与机床夹具相比较，其特点是：

（1）焊接产品总是由两个以上的零部件组成，出于施焊方便或易于控制焊接变形等原因，装配和焊接两道工序，可能是先装配完再焊接，也可能是边装边焊；装配焊接后成为一个永久连接的整体，所设计的工装应能适应这种情况。焊接顺序对工件的焊接变形影响较大，在设计焊接工装时应考虑先焊精度要求低的部分，后焊精度要求高的部分，以保证工件的主要精度要求。

（2）焊接是局部加热过程，不可避免会产生焊接应力与变形，在设置定位器和夹紧器时要充分考虑焊接应力和变形的方向。通常在焊接平面内的伸缩变形不作限制，通过留收缩余量方法让其自由伸缩；而角变形、弯曲变形或波浪变形等用夹具加以控制，有时还要利用夹具采取反变形措施。为方便组装和取件，在保证焊件的主要精度要求的前提下，对参与组焊的个别零件可以欠定位，也可以只定位不夹紧。对一些本身精度要求低又可以间接定位的工件（如加强筋等）可以不定位。

（3）焊接方法不同，对工装的结构和性能要求也不同。例如手工电弧焊与自动焊的工装不同；对大型复杂工件，为了尽量使焊缝处于平焊位置（容易获得高质量焊缝），带工件翻转与不需翻转的工装也是不同的。

（4）工装的功能设计和造型设计必须贯彻“人—机—环境”相互适应、协调流畅、安全可靠的原则。例如，设计的工装是适应于焊工坐姿操作还是站姿操作；如果工装需带工件绕某一轴线可翻转，则采用何种传动、回转速度和任意转角均能可靠制动等；夹紧器的布置和焊接位置是否在最佳作业范围内；装配焊接顺序除满足焊接工艺要求外，是否形成流畅的动作轨迹；手动夹紧器的使用，操作方便，施力有度，夹紧可靠，等。

5.4.1 工件以平面定位

工件以平面作为定位基准，是生产中常见的定位方式之一。常用的定位器有挡块、支承钉、支承板等。

1.挡块

挡块是在焊接工装夹具中应用最普遍、结构最简单的一种定位器。图 5-9 所示是常用挡块的几种形式。图中(a)属于固定式挡块，按定位原理直接把它们焊到钢制的夹具体上。图中(b)是可拆挡块，采用销子固定挡块。图中(c)是T形槽螺栓固定的挡块，也属于可拆挡块。图中(d)是铰接式可退出挡块，只要将活动销拔出，挡块即可退出，工件装拆方便。

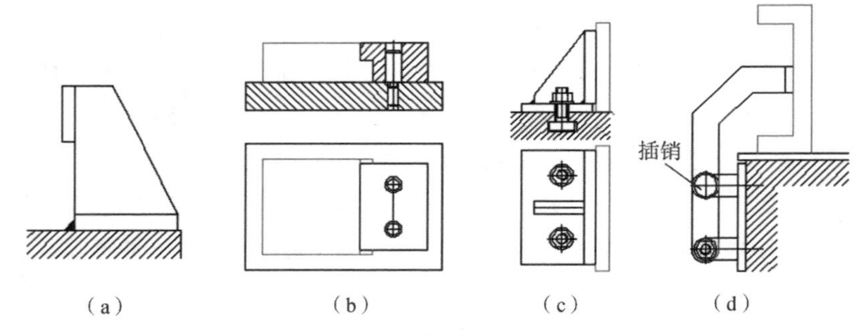

图 5-9　常用挡块的结构形式

2.支承钉和支承板

图 5-10 (a)为支承钉，其中 A 型为平头，通常用于定位基准光滑的工件。B 型为圆头，用于未经机械加工的平面定位。C 型为花纹头，用于未加工零件的侧面定位，由于接触表面的摩擦系数较大，定位比较稳定。支承钉可以直接装在夹具体的孔中，与孔的配合为过渡配合(H7/n6)或过盈配合(H7/r6)。使用多个 A 型支承钉时，装配后应磨平支承钉工作表面，以保证等高。

图 5-10(b)为支承板，通常用于已经机械加工的平面定位。A 型用其侧面或顶面定位；B 型带有斜槽，便于清理积屑和脏物，用于底面定位。支承板用螺钉紧固在夹具体上，当采用两个以上支承板定位时，装配后应磨平支承板工作平面，以保证等高。

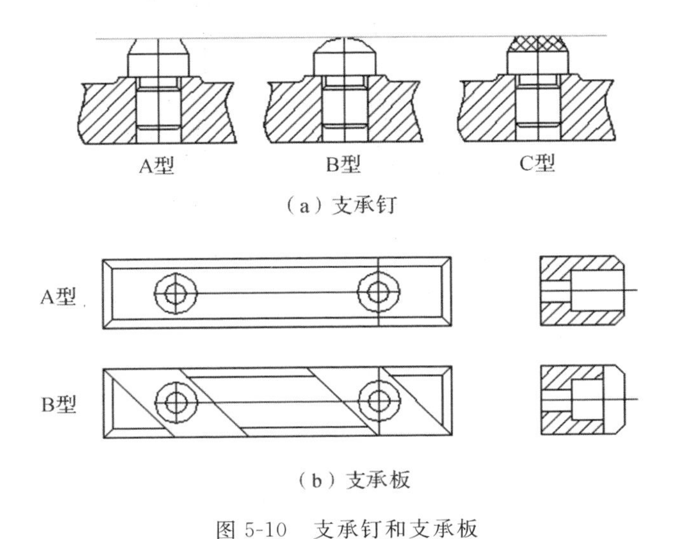

图 5-10 支承钉和支承板

5.4.2 工件以圆孔定位

工件以圆孔为定位基准,是生产中常见的定位方式之一。常用的定位器有定位销、定位插销和衬套式定位器。

1.定位销

圆柱定位销简称定位销(见图 5-11),均已标准化,主要用于直径在50mm 以下的中小孔定位,每种定位销有圆柱销和削边销两种形式,根据定位销与定位孔配合的长径比和配合长度与总体尺寸的关系等,圆柱销可限制

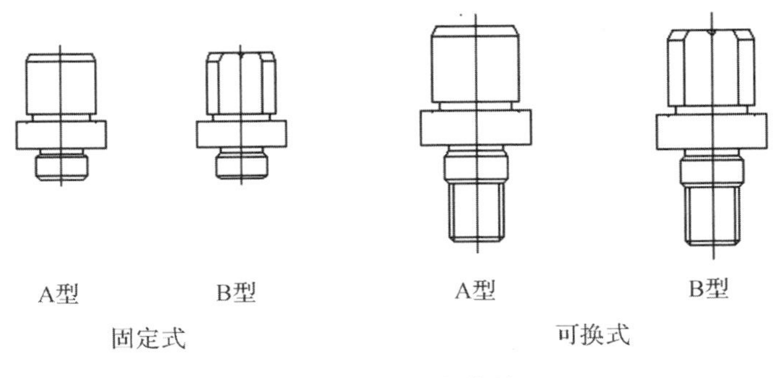

图 5-11 圆柱定位销

工件的2个或4个自由度,削边销可限制工件的1个或2个自由度。

2.插销式定位销

图5-12为插销式定位销,主要用于定位基准孔是加工表面本身。使用时,待工件装后取下。

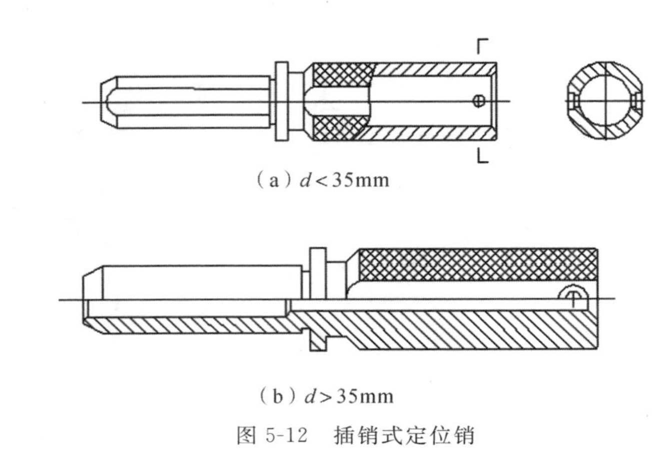

(a) $d<35$mm

(b) $d>35$mm

图5-12 插销式定位销

5.4.3 工件以外圆柱面定位

工件以外圆柱面作为定位基准,也是生产中常见的定位方式之一,最常见的是V形块定位器。

V形块(V形铁)作为定位元件,不仅安装工件方便,而且定位对中性好,广泛应用于管子、轴和小直径圆筒节等圆柱形零件的安装定位。

标准V形块的结构尺寸见图5-13。V形块在夹具上调整好位置后用螺钉紧固并配作两个销孔,用两个定位销确定位置。

V形块两个定位面的夹角α有60°、90°和120°三种,以90°应用最为广泛,因为它在保证定位稳定性和减少夹具的外形尺寸方面更优。

标准V形块是根据工件定位面外圆直径来选取的。如果需要自行设计非标准V形块,可按表5-1计算。

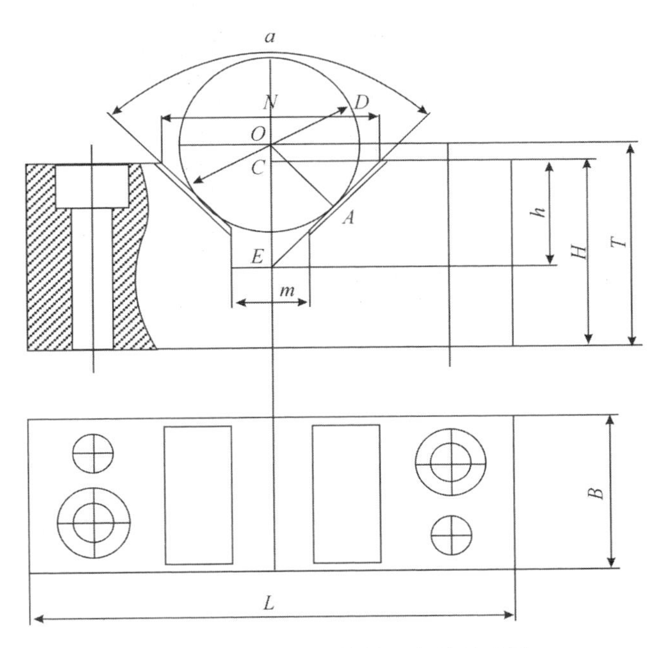

图 5-13 V 形块的结构及相关尺寸图

表 5-1 V 形块尺寸计算

计算项目	符号	计算公式		
V 形夹角	°	60°	90°	120°
标准定位高度	T	$T=H+D-0.866N$	$T=H+0.707D-0.5N$	$T=H+0.577D-0.289N$
开口尺寸	N	$N=1.15(D-K)$	$N=1.41D-2K$	$N=2D-3.46K$
参数	K	$K=(0.14-0.16)D$		

设计计算时，工件定位基准的平均直径 D 是已知的，V 形块高度 H 和开口尺寸 N 确定后，再求 V 形块的标准定位高度 T。

T 在 V 形块零件图上必须标出，以便制造和检查。V 形块高度 H 的选取：当用于大直径定位时，取 $H\leqslant 0.5D$；小直径定位时，取 $H\leqslant 1.2D$。T 的计算如下：

$$T-H=OE-CE$$

$$OE=0.5D/\sin(\alpha/2)$$

$$CE=0.5N/\tan(\alpha/2)$$

所以 $$T=H+0.5D/\sin\frac{\alpha}{2}-0.5N/\tan\frac{\alpha}{2} \tag{5-7}$$

5.5 夹紧装置

工件在夹具上的安装，包括定位和夹紧两个密切联系的统一过程。为使工件在定位件上所占有的规定位置在焊接过程中保持不变，就要使用夹紧装置将工件夹紧，才能保证工件的定位基准与夹具上的定位表面可靠接触，防止焊接过程中的移动和变形。

对多品种小批量中厚板制品，通常使用螺旋夹紧装置。在设计或选择夹紧装置时，必须满足下列基本要求：

(1)夹紧时要正确选择夹紧力的方向和作用点，必须压实，不能压空，不能破坏工件在定位元件上所获得的正确位置。

(2)夹紧力的大小要适当、可靠。

(3)夹紧装置应操作方便、夹紧迅速，安全省力。

(4)夹紧装置的结构简单、紧凑，尽量选用标准件，缩短制造周期。

5.5.1 螺旋夹紧器

螺旋夹紧器结构简单，夹紧力较大，且因螺旋能自锁而保持夹紧力，特别适用于单件小批量生产场合。

弓形螺旋夹紧器(见图 5-14)俗称 C 形夹，是在焊接生产中使用比较多的一种夹紧工具。

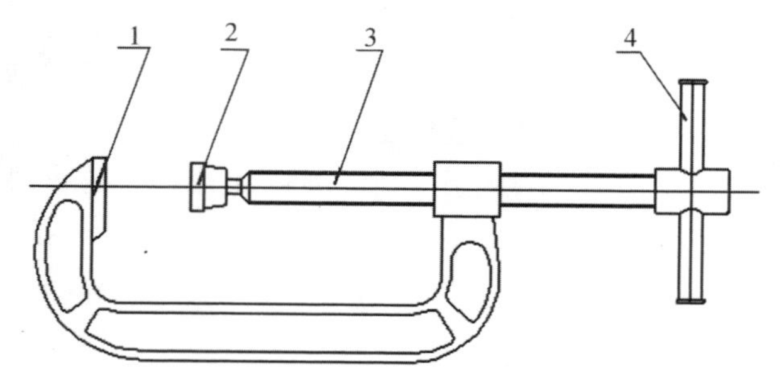

1—弓形体；2—球铰压头；3—螺杆；4—手柄

图 5-14 弓形螺旋夹紧器

5.5.2　螺旋—杠杆夹紧机构

螺旋—杠杆夹紧机构是经螺旋扩力后，再经杠杆进一步扩力或缩力来实现夹紧作用的一种夹紧装置。图 5-15 所示是常见的螺旋—杠杆夹紧机构。图 5-15(a)和 (b)所示两种机构只是施力螺栓的位置不一样，两者压板中间都有长孔，以便压板松开时能往后移动，使工件装卸方便。图 5-15 (c)所示为铰链压板，螺母略转几圈不必取下，即可夹紧或松开。三种机构的夹紧力是不一样的，夹紧力 F_j 计算式为

$$F_j=\frac{F_Q L}{L_1} \tag{5-8}$$

式中：F_Q——作用力(N)；

L——作用力臂长度(m)；

L_1——夹紧力臂长度(m)。

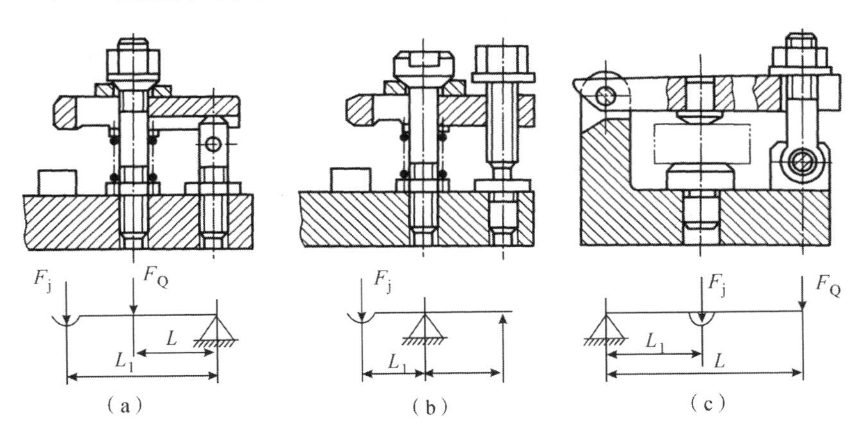

图 5-15　螺旋一杠杆夹紧机构

5.5.3　螺旋拉紧、推开器

在焊接生产中，经常需要在刚度较大钢板之间缩小或增大一定的尺寸距离，使它们处于相对正确的位置。图 5-16 所示即为这种用途的螺旋拉紧、推开器，其又可用作装配时支承工件的工具。

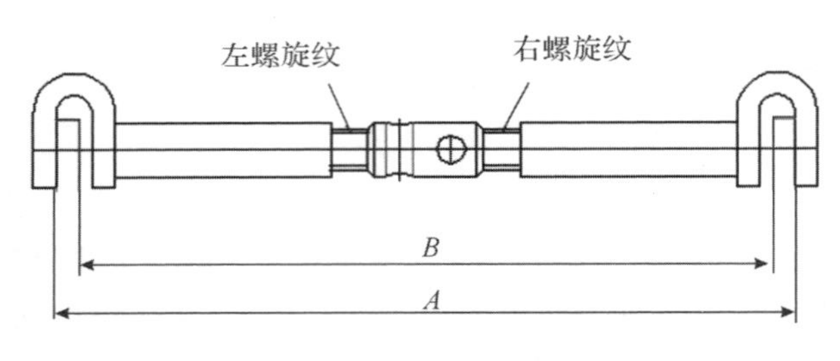

图 5-16　螺旋拉紧、推开器

5.6　夹具的公差配合与技术条件的制定

5.6.1　制定的依据和基本原则

1. 制定的依据

(1)产品图样

一般情况下,装焊工件的尺寸、公差和技术条件都标注在零件图上,制定夹具的公差配合和技术条件时主要依据零件图。必要时还可参考部件装配图,即部件装配后的尺寸、公差和技术要求。

(2)工艺规程

工艺规程是指装配焊接工艺文件。若因工艺需要而改动零件的某些公差时(如考虑焊接变形余量),这时夹具公差应按工艺规程中所规定的公差来制定。

(3)设计任务书

在设计任务书中,一般都会提出定位、夹紧、生产率等方面的设计要求,对一些特殊问题也有说明,制定技术条件时应予以注意。

2. 制定的基本原则

(1)为了保证装配、焊接精度,应使夹具的定位、夹紧、制造、调整等误差的总和小于相应原始尺寸的公差(工序公差),一般不超过工序公差的1/3～1/2。

(2)夹具中与工件尺寸有关的尺寸公差,不论工件尺寸公差是单向的还是双向的,都应化为双向对称的公差。如工件尺寸公差为$50_{0}^{+0.1}$mm,化为50.05±0.05mm;$70_{+0.2}^{+0.8}$mm,化为70.5±0.3mm,并以工件的平均尺寸作为夹具的基本尺寸,然后按工件公差规定该尺寸的制造公差。

(3)当工件的加工尺寸未标注公差时,则视工件公差为 IT12～IT14 级,夹具上相应的尺寸公差按 IT9～IT11 制定;工件上的位置要求未标注公差时,工件位置公差视为 9～11 级,夹具上相应位置公差按 7～9 级制定。

(4)在夹具制造中,为了减少加工困难,提高夹具精度,夹具装配可采用调整法、修配法或就地加工法(装配后组合加工法)。在这种情况下,夹具零件的制造公差可以适当放宽。

5.6.2 夹具总图上应标注的尺寸和公差

1. 最大轮廓尺寸:若有活动部分,应用双点画线画出最大活动范围,或标出活动部分的尺寸范围。

2. 影响定位精度的尺寸公差:主要指工件与定位元件及定位元件之间的尺寸和公差。如定位基面与限位基面的配合尺寸,圆柱销和削边销的尺寸及销间距的尺寸及公差等。

3. 影响定位元件在夹具体上安装精度的尺寸和公差。

4. 影响夹具精度的尺寸和公差:主要指定位元件、安装基面之间位置尺寸和公差。

5. 其他重要尺寸与公差,即一般机械设计中应标注的尺寸和公差。

此外,对夹具制造和使用的一些特殊要求,无法用符号标注的,可作为技术条件用文字在夹具总图上加以说明。

5.6.3 公差值的确定

夹具总装图上标注定位元件之间,以及其他相关尺寸(如孔间距)和相互位置(如同轴度、垂直度、平行度等)的公差,一般取工件相应公差的 1/3～1/2。

夹具零件图上应按夹具总装图的要求,确定其尺寸、公差及技术要求。

5.7 常用夹具元件的公差配合

常用夹具元件的公差配合见表 5-2。

表 5-2　常见夹具元件的公差配合

<table>
<tr><th>元件名称</th><th colspan="2">部位及配合</th></tr>
<tr><td rowspan="2">衬套</td><td colspan="2">外径与本体$\frac{H7}{r6}$或$\frac{H7}{n6}$</td></tr>
<tr><td colspan="2">内径 H7 和 H6</td></tr>
<tr><td rowspan="2">固定钻套</td><td colspan="2">外径与钻模板$\frac{H7}{r6}$或$\frac{H7}{n6}$</td></tr>
<tr><td colspan="2">内径 G7 或 F8</td></tr>
<tr><td rowspan="4">可换钻套
快换钻套</td><td colspan="2">外径与衬套$\frac{F7}{m6}$或$\frac{F7}{k6}$</td></tr>
<tr><td rowspan="3">内径</td><td>钻孔及扩孔时 F8</td></tr>
<tr><td>粗铰孔时 G7</td></tr>
<tr><td>精铰孔时 G6</td></tr>
<tr><td rowspan="2">镗套</td><td colspan="2">外径与衬套$\frac{H6}{h5}\left(\frac{H6}{j5}\right)\cdot\frac{H7}{h6}\left(\frac{H6}{js6}\right)$</td></tr>
<tr><td colspan="2">内径与镗杆$\frac{H6}{g5}\left(\frac{H6}{h5}\right)\cdot\frac{H7}{g6}\left(\frac{H7}{h6}\right)$</td></tr>
<tr><td>支承钉</td><td colspan="2">与夹具体配合$\frac{H7}{r6}\cdot\frac{H7}{n6}$</td></tr>
<tr><td rowspan="2">定位销</td><td colspan="2">与工件定位基面配合$\frac{H7}{g6}\cdot\frac{H7}{f7}$或$\frac{H6}{g5}\cdot\frac{H6}{f6}$</td></tr>
<tr><td colspan="2">与夹具体配合$\frac{H7}{r6}\cdot\frac{H7}{h6}$</td></tr>
<tr><td>可换定位销</td><td colspan="2">与衬套配合$\frac{H7}{h6}$</td></tr>
<tr><td>钻模板铰链轴</td><td colspan="2">轴与孔配合$\frac{G7}{h6}\cdot\frac{F8}{h6}$</td></tr>
</table>

5.8　常用夹具元件的材料及热处理

5.8.1　定位元件

常用定位元件的材料及热处理要求见表 5-3。

表 5-3 定位元件的材料及热处理要求

元件名称	推荐材料	热处理要求
支承钉	D≤12mm,T7A D>12mm,20 钢	淬火 HRC60～64 渗碳深 0.8～1.2mm,HRC60～64
支承板	20 钢	渗碳深 0.8～1.2mm,HRC60～64
可调支承螺钉	45 钢	头部淬火 HRC38～42 L<50mm,整体淬火 HRC33～38
定位销	D≤16mm,T7A D>16mm,20 钢	淬火 HRC53～58 渗碳深 0.8－1.2mm,HRC53～58
定位心轴	D≤35mm,T8A D>35mm,45 钢	淬火 HRC55～60 淬火 HRC43～48
V 形块	20 钢	渗碳深 0.8～1.2mm,HRC60～64

5.8.2 导向元件

导向元件的材料及热处理要求见表 5-4。

表 5-4 导向元件的材料及热处理要求

元件名称	推荐材料	热处理要求
对刀块	20 钢	渗碳深 0.8～1.2mm,HRC60～64
定向键	45 钢	淬火 HRC43～48
钻套	内径 D≤26mm,T10A 内径 D>25mm,20 钢	淬火 HRC60～64 渗碳深 0.8～1.2mm,HRC60～64
衬套	内径 D≤26mm,T10A 内径 D>25mm,20 钢	淬火 HRC60～64 渗碳深 0.8～1.2mm,HRC60～64
固定式镗套	20 钢	渗碳深 0.8～1.2mm,HRC55～60

5.8.3 其他元件

其他元件的材料及热处理要求见表 5-5。

表 5-5　其他元件的材料及热处理要求

元件名称	推荐材料	热处理要求
压板	45 钢	淬火 HRC38～42
夹具体	HT150 或 HT200 Q195,Q215,Q235	时效处理 退火处理

6 典型工装夹具

电动仓储设备制造过程中，用于定位、固定加工对象的工艺装备主要有两类夹具：直接对零件或焊接以后（两件或多件拼焊后经校正）进行金加工的机床夹具；已完成金加工的零、部件或成型钣金件，通过夹具定位、固定进行拼焊的焊接夹具。这两类夹具的共同特点是：采取多种措施消除或减小由于焊后残余变形对加工件尺寸精度的影响。

在电动仓储设备制造过程中，门架、车架、货叉架、安全架等均为焊接结构件。各组件之间的相对位置精度、平行度、垂直度，以及孔本身的尺寸精度、孔与孔之间的同轴度、平行度、垂直度等技术条件，必须通过符合各种技术要求的夹具保证，才能制造出合格的焊接结构件。由于钢结构焊接变形的特殊性，有别于一般的机床夹具，因此增加了这类夹具设计的难度。所以，懂得工艺和工装的产品设计，不但大大提高了实现产品质量及性能指标的可行性，而且促进了模块化设计思想和标准化、系列化、通用化设计水平的提高。对产品开发而言，设计与工艺相结合，可提高效率、降低成本、保证质量。

6.1 钻、铰机床夹具

使用台钻、立钻或摇臂钻床将工件一次性定位、夹紧后，对需要加工的孔进行钻、铰两道工序加工的夹具，称为钻、铰夹具，其最大优点是以钻、铰加工替代镗床加工，因此在多品种小批量生产中得到普遍应用。经钻、铰夹具加工的孔，精度可达 H7，表面粗糙度 R_a 达 3.2μm，而经钻、扩加工的孔，精度可达 H11，表面粗糙度 R_a 可达 3.2μm。

钻、铰夹具的结构特点是它具有独特的钻套、铰套和共用的模板，这种模板在组合夹具中称钻模板。加工时钻、铰的操作:将夹具调整后固定,先钻后铰,钻后把钻套换成铰套,把钻头换成铰刀。钻套和铰套的外径及公差均相同,钻套和铰套的内径不同。钻、铰模板的孔,按基孔制 H7 精度要求制造。

6.1.1 孔加工常用工序余量

孔加工常用工序余量见表 6-1。

表 6-1 孔加工常用工序余量

加工工序	加工直径	工序特点	工序余量(直径方向)
扩孔	$\phi10\sim\phi20$	钻孔后扩孔	1.5～2.0
		粗扩后精扩	0.5～1.0
	$\phi25\sim\phi50$	钻孔后扩孔	2.0～2.5
		粗扩后精扩	1.0～1.5
铰孔	$\phi10\sim\phi20$		0.1～0.2
	$\phi20\sim\phi30$		0.15～0.25
	$\phi30\sim\phi50$		0.20～0.30
	$\phi50\sim\phi80$		0.25～0.35
	$\phi80\sim\phi100$		0.30～0.40

6.1.2 铰刀直径及制造公差的确定

若以 IT 为孔的公差,则铰刀直径的上限尺寸等于孔的最大直径减去 0.15IT。0.15IT 的值应圆整到 0.001mm 的整数倍。铰刀直径的下限尺寸等于铰刀的最大直径减去 0.35IT。0.35IT 的值应圆整到 0.001mm 的整数倍。

【例题】求 $\phi25_{0}^{+0.021}$ 孔的铰刀直径及公差。

铰刀直径上限尺寸=25.021−0.15IT=25.021−0.15×0.021=25.017(mm)

铰刀直径下限尺寸=25.017−0.35IT=25.021−0.35×0.021=25.009(mm)

即铰刀的直径及制造公差为 $\phi25_{+0.009}^{+0.017}$。

6.1.3 铰刀公差与孔公差的配置

铰刀公差与孔公差的配置如图 6-1 所示。

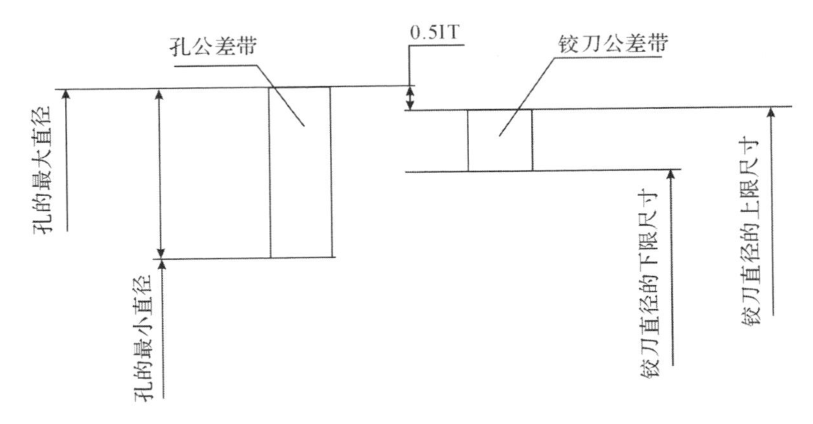

图 6-1 铰刀公差与孔公差的配置

6.1.4 固定钻套

钻套在钻模板中的作用有:保证被加工孔的位置精度;引导刀具,防止其在加工过程中发生偏斜;提高刀具的刚性,防止加工时振动。固定式钻模在立式钻床上使用时,应先将钻头(非旋转状态)伸入钻套中,以找正钻模(钻夹具)位置,然后将其固定。这样既可减小钻套磨损,又能保证被加工的孔有较高的位置精度。固定钻套(见图 6-2)常用系列结构参数见表 6-2。

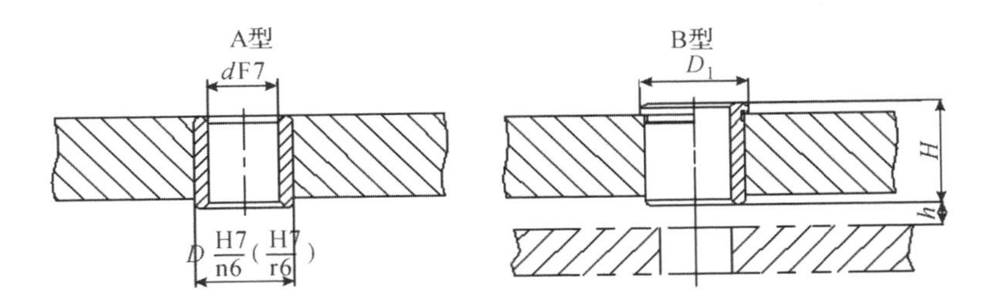

图 6-2 固定钻套

表 6-2　固定钻套常用系列结构参数

<table>
<tr><th colspan="2">d</th><th colspan="2">D</th><th rowspan="2">D_1</th><th rowspan="2">H</th><th rowspan="2">h</th></tr>
<tr><th>基本尺寸</th><th>极限偏差 F7</th><th>基本尺寸</th><th>极限偏差 n6</th></tr>
<tr><td>8</td><td rowspan="2">+0.028
+0.013</td><td>12</td><td rowspan="3">+0.023
+0.012</td><td>15</td><td rowspan="3">20</td><td rowspan="3">4</td></tr>
<tr><td>10</td><td>15</td><td>18</td></tr>
<tr><td>12</td><td rowspan="3">+0.034
+0.016</td><td>18</td><td>22</td></tr>
<tr><td>15</td><td>22</td><td rowspan="3">+0.028
+0.015</td><td>26</td><td rowspan="4">25</td><td rowspan="4">5</td></tr>
<tr><td>18</td><td>26</td><td>30</td></tr>
<tr><td>22</td><td rowspan="3">+0.041
+0.020</td><td>30</td><td>34</td></tr>
<tr><td>26</td><td>35</td><td rowspan="3">+0.033
+0.017</td><td>39</td></tr>
<tr><td>30</td><td>42</td><td>46</td><td rowspan="3">30</td><td rowspan="3">6</td></tr>
<tr><td>35</td><td rowspan="3">+0.050
+0.025</td><td>48</td><td>52</td></tr>
<tr><td>42</td><td>55</td><td rowspan="3">+0.039
+0.020</td><td>59</td></tr>
<tr><td>48</td><td>62</td><td>66</td><td rowspan="3">35</td><td rowspan="3">8</td></tr>
<tr><td>55</td><td rowspan="4">+0.060
+0.030</td><td>70</td><td>74</td></tr>
<tr><td>62</td><td>78</td><td rowspan="5">+0.045
+0.023</td><td>82</td></tr>
<tr><td>70</td><td>85</td><td>90</td><td rowspan="2">40</td><td rowspan="5">10</td></tr>
<tr><td>78</td><td>95</td><td>100</td></tr>
<tr><td>85</td><td rowspan="3">+0.071
+0.036</td><td>105</td><td>110</td><td rowspan="3">45</td></tr>
<tr><td>95</td><td>115</td><td>120</td></tr>
<tr><td>105</td><td>125</td><td>+0.052
+0.027</td><td>130</td></tr>
</table>

6.1.5 快换钻套、铰套

快换钻套或铰套的外径与固定衬套内径之间采用$\frac{H7}{k6}$配合，而衬套与钻模板之间采用$\frac{H7}{n6}$配合。更换钻套时，将钻套大切口转至止动螺钉，即可取出钻套。由于快换钻套半切口的方向与刀具旋向一致，可避免钻套或铰套在加工中自动脱出。

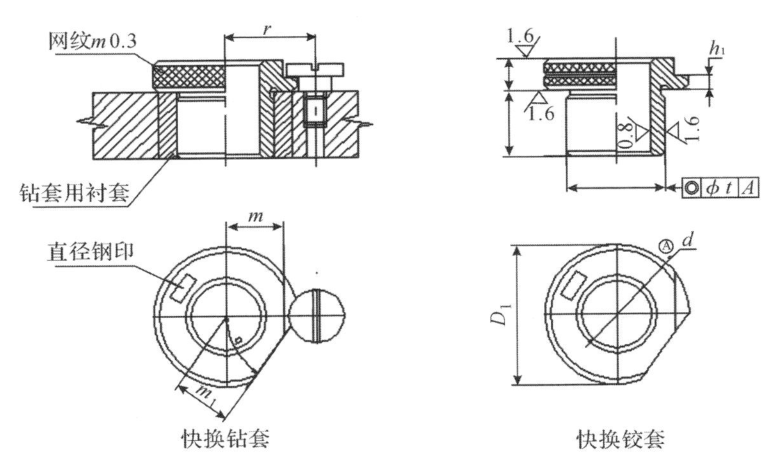

图 6-3　快换钻套和快换铰套

图 6-3 所示的快换钻套与快换铰套在外形上主要差别是网纹部位，快换钻套是单道网纹，快换铰套是双道网纹，因此在使用时很容易区别。例如要加工 $\phi25_{0}^{+0.021}$ 的孔，选用快换钻套，在直径钢印处标有 $\phi24.75$(F7)，也即 $\phi24.75_{+0.020}^{+0.041}$，采用基本尺寸 $\phi24.75$mm 的锥柄麻花钻。选用快换铰套，在直径钢印处标有 $\phi25$(H7)即 $\phi25_{0}^{+0.021}$，采用基本尺寸及精度等级为 $\phi25_{+0.009}^{+0.017}$ 的锥柄机用铰刀。快换钻套常用系列结构参数见表 6-3。

表 6-3　快换钻套常用系列结构参数

d 基本尺寸	d 极限偏差 F7	D 基本尺寸	D 极限偏差 k6	D_1（滚花前）	m	m_1	H	h	r	h_1	α	t	钻套螺钉
6—8	+0.028 +0.013	12	+0.012 +0.001	22	7	7	12	10	16	4	50°	0.008	M6
8—10		15		26	9	9	16		18		55°		
10—12	+0.034 +0.016	18		30	11	11			20				M8
12—15		22	+0.015 +0.002	34	12	12	20	12	23.5	5.5			
15—18		26		39	14.5	14.5			26			0.012	
18—22	+0.041 +0.020	30		46	18	18	25		29.5				
22—26		35	+0.018 +0.002	52	21	21			32.5				
26—30		42		59	24.5	25	30		36		65°		M10
30—35	+0.050 +0.025	48		66	27	28		16	41				
35—42		55	+0.021 +0.002	74	31	32			45				
42—48		62		82	35	36	35		49	7	70°		
48—50		70		90	39	40			53			0.040	
50—55	+0.060 +0.030												
55—62		78	+0.025 +0.003	100	44	45	40		58				
62—70		85		110	49	50			63				
70—78		95		120	54	55	45		68		75°		
78—80		105	—	130	59	60			73				

注：当作为快换铰（扩）套使用时，d 的公差带推荐如下：

采用 GB1132 铰刀及 GB1133 铰刀，铰 H7 孔时取 F7；铰 H9 孔时取 E7。

6.1.6　钻套螺钉

钻套螺钉的结构如图 6-4 所示，其常用系列结构参数见表 6-4。

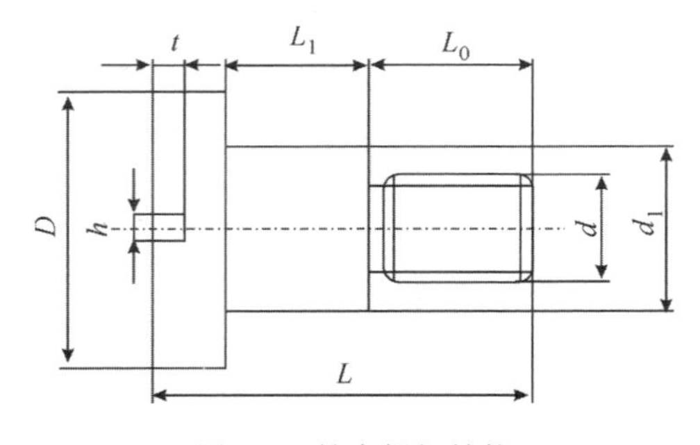

图 6-4　钻套螺钉结构

表 6-4　钻套螺钉结构参数

d	L_1		d_1		D	L	L_0	n	t	钻套内径
	基本尺寸	极限偏差	基本尺寸	极限偏差						
M5	3	+0.200 +0.050	7.5	−0.040 −0.130	13	15	9	1.2	1.7	0～6
	6					18				
M6	4		9.5		16	18	10	1.5	2	6～12
	8					22				
M8	5.5		12	−0.050 −0.160	20	22	11.5	2	2.5	12～30
	10.5					27				
M10	7		13		24	32	18.5	2.5	3	30～85
	13					38				

6.1.7　电动搬运车长连杆 $\phi23_{0}^{+0.021}$ 四孔钻铰夹具

长连杆是电动搬运车货叉满载起升时最重要的轴向受力杆件，左右各一支。举例说：额定载重量 2000kg 的电动搬运车起升时，平均每支长连杆最大轴向载荷约 2700kg(见图 6-5)。保证孔的尺寸、精度，以及孔与孔之间的位置尺寸和精度，是钻、铰夹具设计的基本技术要求。

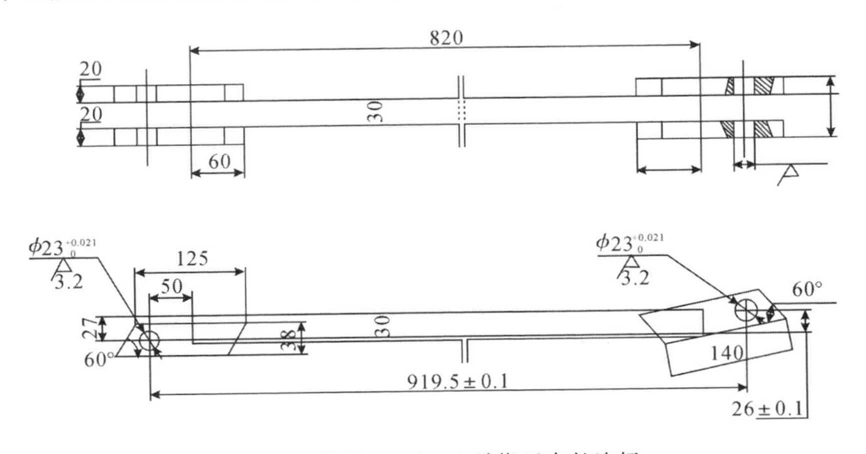

图 6-5　载重 2000kg 电动搬运车长连杆

工件特征：窄长形轴，向孔距较大（919.5±0.1），四孔 ϕ23H7，材料均为16Mn。如果采用坐标镗床加工，尺寸精度能保证，但不经济。如果考虑设计一套钻、铰夹具，长连杆在夹具中一次性定位、夹紧，可以在普通 Z3025 摇臂钻床上加工。

夹具设计首先要考虑工件在夹具中的定位依据及定位结构，以及对工件的压紧部位及压紧结构。图 6-5 俯视图左边孔 ϕ23 与 30×30×820 连杆的位置尺寸：$x=50$，$y=27$。右边孔 ϕ23 与左边基准孔的位置尺寸：$x=919.5\pm0.1$，$y=26\pm0.1$。上述两组数据就是工件定位依据。夹具上两孔中心距公差取图纸两孔中心距公差的 1/3～1/2 ；孔的尺寸精度为 $\phi23\mathrm{H}7(^{+0.021}_{0})$。

从图 6-6 可见，基准孔的位置尺寸：$x=50$，由定位销 2 确定，$y=27$，由定位板 5 确定。当工件在夹具中占有正确的位置时，必须加以固定，定位必须可靠，不允许在加工过程中有任何变动。压板 7 不但靠近切削部位，而且压力经工件直接传给等高定位块 3。这是压板布置的基本原则：必须压实，不得压空。

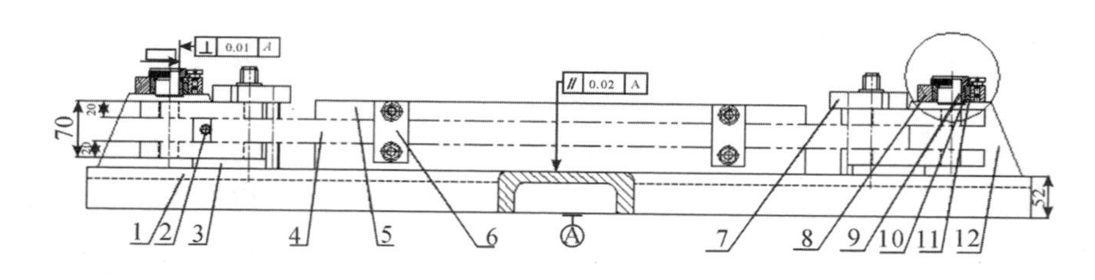

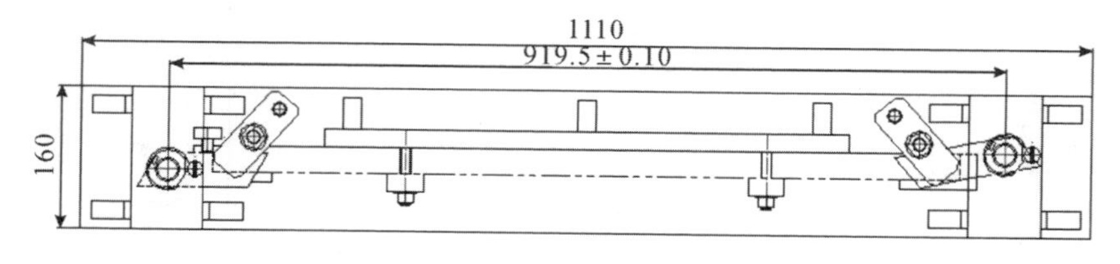

1—整体式平板；2—纵向定位销；3—等高定位块；4—长连杆（加工件）；
5—横向定位板；6—侧压板；7—压板；8—钻模板；9—钻套螺钉；
10—快换钻、铰套；11—固定衬套；12—钻模板支架

图 6-6 载重 2000kg 电动搬运车长连杆钻、铰夹具

影响加工精度的因素：用夹具对工件进行机械加工时，在工艺系统中影响工件加工精度的因素很多。有定位误差 Δ_D（定位基准与工序基准不重合误差，以及定位基准位移误差的合成）、对刀误差（或称导向误差）Δ_T、夹具在机床上的安装误差 Δ_A 和夹具误差 Δ_J。影响加工精度的其他因素综合称为加工方法

误差 Δ_G。加工方法误差 Δ_G 因影响因素多，又不便于计算，所以常根据经验为它留出工件公差 δ_K 的 1/3，即 $\Delta_G = \delta_K/3$ 。

保证加工精度的条件：上述各项误差均导致刀具相对工件的位置不精确，从而形成总的加工误差 $\sum\Delta$。总加工误差 $\sum\Delta$ 为上述各项误差之和。由于上述误差均为独立随机变量，应用概率法叠加，因此保证工件加工精度的条件是

$$\sum\Delta = \sqrt{\Delta_D^2 + \Delta_T^2 + \Delta_A^2 + \Delta_J^2 + \Delta_G^2} \leqslant \delta_K \tag{6-1}$$

为保证夹具有一定使用寿命，在分析计算工件加工精度时，需留出一定的精度储备量 J_C，因此上式改写为

$$\sum\Delta \leqslant \delta_K - J_C \text{或} J_C = \delta_K - \sum\Delta \geqslant 0 \tag{6-2}$$

加工精度计算：图 6-3 铰套为 $\phi23\text{H}7(\phi23_0^{+0.021})$，铰刀 $\phi23\text{H}7(\phi23_{+0.009}^{+0.017})$。铰套与铰刀配合的最大间隙，即对刀误差 Δ_B。由于 $\phi23$ 两孔中心距离较大，

$$\Delta_T = X_{\max} = 0.021 - 0.009 = 0.012(\text{mm})$$

而且均以钻、铰套为导向元件，所以在摇臂钻床上加工时，必须移动刀具或移动夹具，才能进行第二孔的加工。因此对刀误差会重复出现两次。由图 6-5 可见夹具两孔中心距设计精度为 919.5±0.1。$\Delta_G = [+0.1-(-0.1)]/3 = 0.2/3 = 0.067(\text{mm})$。其他误差均为零。加工精度计算如下：

$$\sum\Delta = \sqrt{2 \times \Delta_T^2 + \Delta_G^2} = \sqrt{2\times(0.012)^2 + (0.067)^2} = 0.069(\text{mm})$$

夹具的精度储备量：

$$J_C = \delta_K - \sum\Delta = 0.2 - 0.069 = 0.131(\text{mm}) > 0$$

6.2 货叉架滚轮轴 6 孔镗夹具

6.2.1 镗夹具结构特点

货叉架镗 6 孔工序如图 6-7 所示，货叉架 6 孔粗、精镗夹具如图 6-8 所示。

从图 6-8 可见，货叉架是两平行横梁与两平行竖板垂直相交的焊接结构。货叉架处于与门架装配状态时，上下横梁与地面平行，两竖板相互平行，并与上下横梁垂直。遵循“基准重合”原则，选择 X、Y、Z 面作为定位基准，其中 Y 面为主要定位基准。下横梁 X 端面由两个圆柱定位销定位。Y、X 限制了工件的

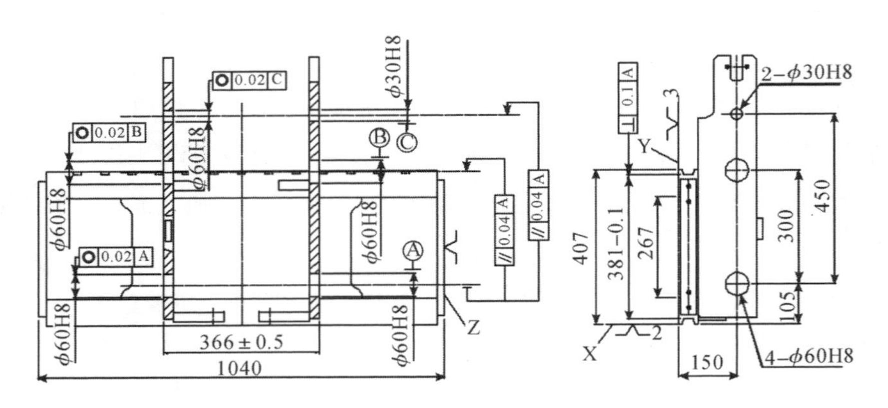

图 6-7　货叉架镗 6 孔工序

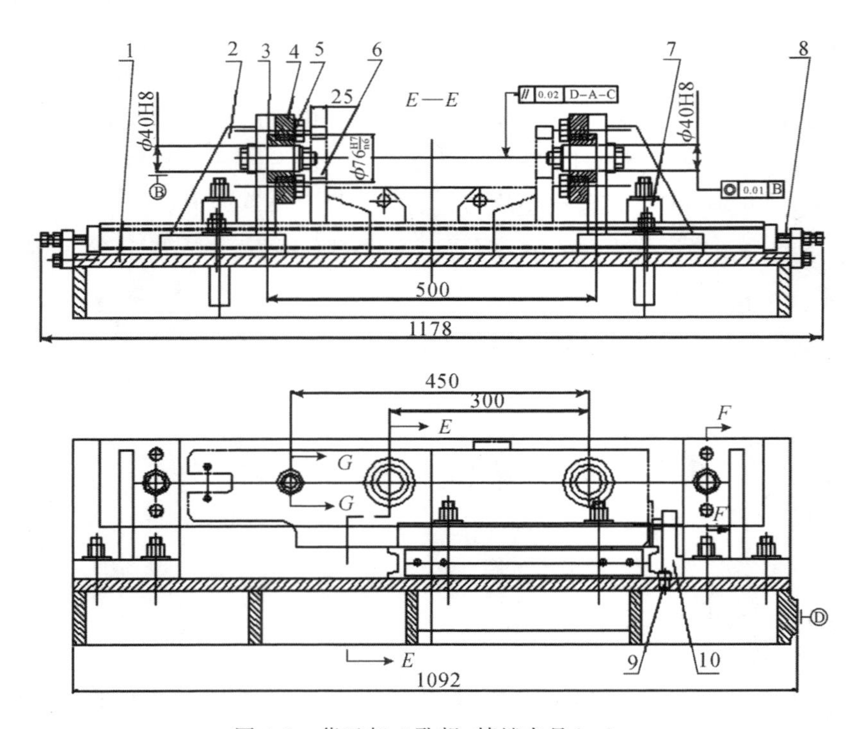

图 6-8　货叉架 6 孔粗、精镗夹具(一)

5 个自由度，Z 定位面为货叉架上下横梁连接板，由夹具体侧面的可调紧定螺栓定位，限制工件第 6 个自由度，从而达到完全定位。

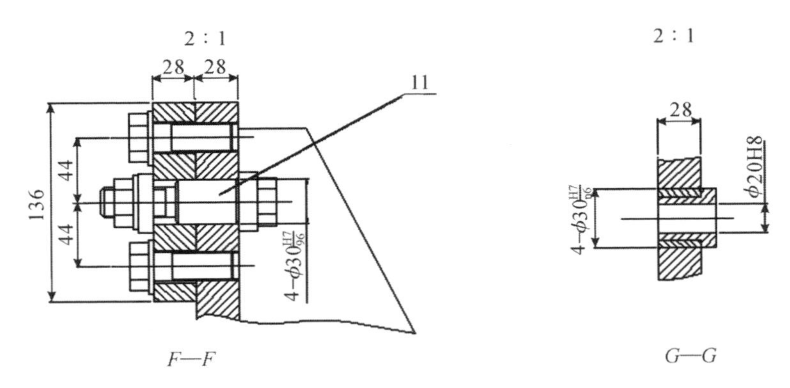

1—镗夹具基础板；2—镗模板支承架座；3—镗套；4—镗模板；
5—固定衬套；6—货叉架（加工件）；7—压板；8—可调紧定螺栓；
9—定位销；10—孔定位板（固定起重链螺栓孔）；11—镗模板定位销螺栓

图 6-8 货叉架 6 孔粗、精镗夹具（二）

本工序采用粗精镗 ϕ60H8 四孔和 ϕ30H8 两孔。除应保证各孔尺寸精度外，还需满足 ϕ60H8 两孔和 ϕ30H8 两孔同轴度公差 0.02mm 的要求。为了确保孔轴线相互之间平行度 0.04mm 的要求，同时为了镗夹具在镗床工作台上安装方便，在夹具底座侧面上加工出找正基面 D。

从图 6-8 可看出，两块平行的镗模板与其各自安装在其上的两个支架座是可以装拆的，否则工件在夹具上就无法装卸。每块镗模板与支架座是通过两个定位销螺栓和四个 M20 六角头螺栓连接（见图 6-8 中局部剖视 F—F）。镗模板左右对称各一块，镗模总装后加工 ϕ60H8（一块镗模板有 2 孔）、ϕ30H8（1 孔）、ϕ30H7（2 定位孔）。

6.2.2 镗夹具误差分析

现以镗夹具为例，分析影响 ϕ60H8 两孔同轴度的加工误差。

1. 定位误差 Δ_D

由于两孔同轴度与定位方式无关，故

$$\Delta_D = 0$$

2. 导向误差 Δ_T

它包括镗套和镗杆的配合间隙所产生的导向误差，以及两镗套的位置距离所产生的导向误差。

镗套与镗杆的配合为 $\phi 40\ \dfrac{H7(^{+0.025}_{0})}{h6(^{0}_{-0.016})}$，其最大间隙为

$$X_{max}=0.025+0.016=0.041(mm)$$

两镗套之间最大距离为 500mm(见图 6-8)，故

$$\tan\alpha=0.041/500=0.000082(mm)$$

被加工孔的长度为 25mm，由于镗套与镗杆的配合间隙所产生的导向误差为

$$\Delta_{T1}=2\times25\times0.000082=0.0041(mm)$$

又因两镗套同轴度公差为 0.01mm，故由于两镗套同轴度误差所产生的导向误差为

$$\Delta_{T2}=0.01mm$$

总的导向误差为

$$\Delta_T=\Delta_{T1}+\Delta_{T2}=0.0041+0.01=0.0141(mm)$$

3. 安装误差 Δ_A

因两孔同时镗削，且镗杆由两镗套支承，则两孔同轴度与夹具位置误差无关，故

$$\Delta_A=0$$

4. 加工方法误差 Δ_G

使用该夹具时容易产生变形的环节在镗杆上，但由于采用了双支承结构，且加工孔离镗套较近，故可认为

$$\Delta_G=0$$

6.2.3 加工精度计算

总加工误差 $\sum\Delta$：

$$\sum\Delta=\sqrt{\Delta_D^2+\Delta_T^2+\Delta_A^2+\Delta_G^2}=\sqrt{0.0141^2}=0.0141(mm)$$

因为工件上两孔同轴度公差为 0.02mm，所以 $\delta_K=0.02$mm，则夹具精度储备 J_C 为

$$J_C=0.02-0.0141=0.0059(mm)$$

经计算，该夹具有一定的精度储备，能满足 $\phi 60$H8 两孔同轴度的要求。

6.3 电动叉车二级门架外门架焊接夹具

图 6-9 所示是焊接成型的外门架。它以两根 C 型槽钢为纵梁，与上、中、下三段形状不同的横梁相焊连接。外门架通过夹具的定位装置，保持与驱动桥轴承座的相对位置。通过定位装置，在外门架两侧中下部连接耳座，保持与倾斜油缸活塞杆连接耳孔的相对位置。在夹具上还有起重链锁紧螺栓的定位装置，以及起升油缸底端轴孔的定位装置等(见图 6-10)。

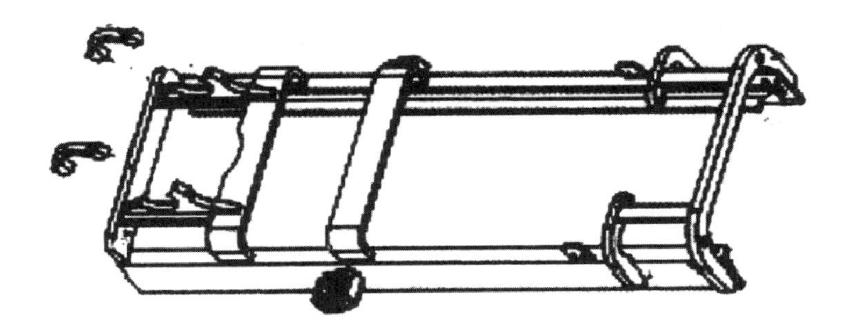

图 6-9 外门架

外门架两根纵向型钢梁(通常型钢横截面为 C 型或工字型)，以梁横截面的高度方向垂直于框架式基础平板的上平面(基准面)上，平行放置。对外门架的纵向即下端面定位，横向即外门架宽度定位。其他与外门架连接的零部件定位尺寸都以此为基准展开。框架式基础平板的设计十分重要，直接影响外门架的焊接质量。不但要保证整体刚性好而且要尽量减轻自重，这里我们采用 160mm×80mm×8mm 的矩形焊管，纵向长管两根，横向短管五根，根据外门架定位、压紧部位的需要，采取不等距布置。在整个框架的六个面上焊接必要宽度和厚度的钢板，形似梯形的中空框架结构。与此同时必须考虑夹具在一定范围内的通用性，例如同一吨位电动叉车标准门架高与高门架的通用。为了提高焊缝的质量，以及减小焊接变形，带外门架的焊接夹具绕纵向重心轴可以在 360°范围内转动任意角度并锁住。转动力可以设计成手动或电动。从安全和减轻劳动强度考虑，应该是电动更好。

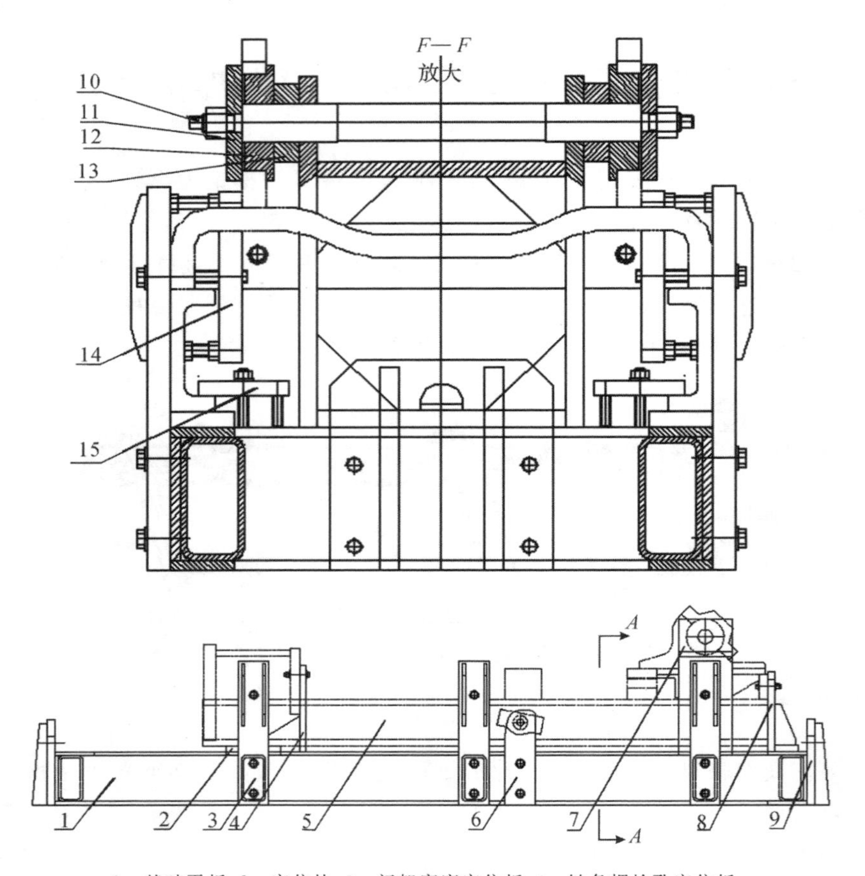

1—基础平板；2—定位块；3—门架宽度定位板；4—链条螺栓孔定位板；
5—门架焊接组件；6—倾斜油缸座定位板；7—门架与驱动桥定位支架；
8—门架底端定位及起升油缸底轴孔定位板；9—门架焊接模翻转心轴孔板；
10—定位心轴；11—挡圈；12—定位盘；13—隔圈；
14—垂直面压板；15—水平面压板

图 6-10　外门架焊接夹具

6.4　焊接变位机械

焊接变位机械是在焊接过程中改变焊件空间位置，使其有利于焊接作业的各种机械设备。焊件变位机械按功能不同，分为焊接变位机、焊接滚轮架、焊接回转台和焊接翻转机。

焊接变位机主要用于门架、机架、机座等的翻转变位，这里仅介绍双座式外门架焊接变位机，如图 6-11 所示。

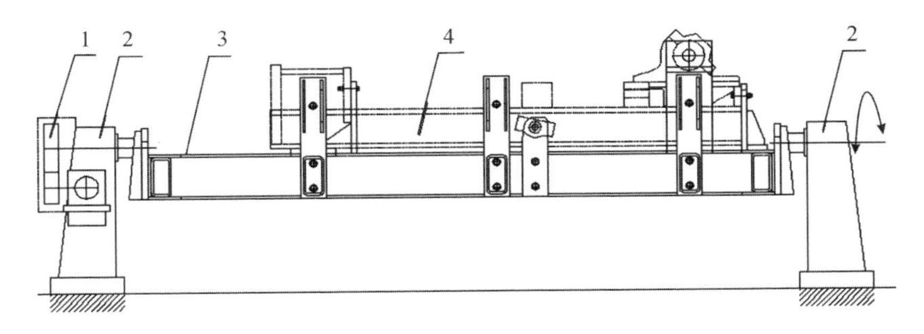

1—减速驱动装置；2—机座；3—门架焊接模；4—外门架

图 6-11　双座式外门架焊接变位机

减速驱动装置设计，必须保证安全可靠、运行平稳。在减速传动系统中，常设有一级蜗轮蜗杆传动，使其具有自锁功能。在驱动系统的控制回路中应设置必要的行程保护、过载保护、断电保护等。翻转速度为 0.1～1.0r/min，焊接翻转机驱动功率计算（见图 6-12）为：

$$P=\frac{Mn}{9550\eta} \tag{6-3}$$

式中：M——驱动力矩（N·m）；

n——终端输出轴转速（r/min）；

η——传动系统的总效率，$\eta=0.75\sim0.85$。

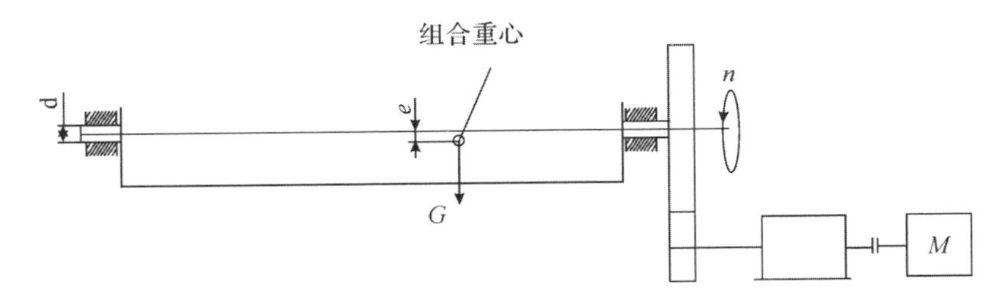

图 6-12　翻转机驱动功率计算图

$$M_1=Gf\frac{d}{2}$$

$$M_2=Ge$$

$$M=K(M_1+M_2) \tag{6-4}$$

式中：G——工件与焊接模组合重量(N)；

f——滑动摩擦系数，$f=0.15\sim0.20$；

e——组合重心至回转轴线的偏心距(m)；

M_1——轴颈处滑动摩擦阻力矩(N·m)；

M_2——偏心阻力矩(N·m)；

K——考虑惯性力的系数，$K=1.2\sim1.3$。

参考文献

1. 成大先. 机械设计手册[M]. 北京：化学工业出版社，2002.
2. 王培兴，李健. 工程力学[M]. 北京：机械工业出版社，2005.
3. 陈大力，杨宇. 电机及拖动基础[M]. 北京：清华大学出版社，2010.
4. 胡岩，武建文，李德成. 小型电动机现代实用设计技术[M]. 北京：机械工业出版社，2008.
5. Thomas D. Gillespie. 车辆动力学基础[M]. 赵六奇，译. 北京：清华大学出版社，2006.
6. 吕锋. 电机与电力拖动[M]. 北京：国防工业出版社，2011.
7. 徐知行. 汽车拖拉机制造工艺设计手册[M]. 北京：北京理工大学出版社，1997.
8. 徐国凯. 电动汽车的驱动与控制[M]. 北京：电子工业出版社，2010.
9. 李名望. 机床夹具设计实例教程[M]. 北京：化学工业出版社，2009.
10. 王纯祥. 焊接工装夹具设计及应用[M]. 北京：化学工业出版社，2011.
11. 胡宗武，徐履冰，石来德. 非标准机械设备设计手册[M]. 北京：机械工业出版社，2003.
12. 周志鳌. 叉车门架刚度计算[J]. 起重运输机械，1976(5).
13. 王锦宜，王磊，叶辉. 模块化设计方法在履带车辆电气系统规划设计中的应用[J]. 车辆与动力技术，2009(1).

附　录

附录 1：梁在简单载荷作用下的转角和挠度计算公式（见附表 1-1 至附表 1-3）

附表 1-1

梁的简图	转角	最大挠度
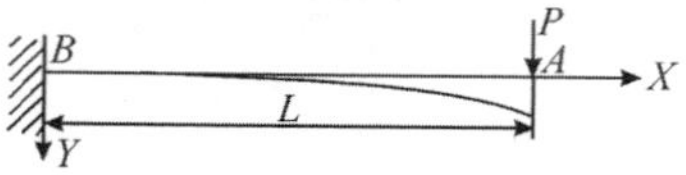 B、A、P、X、L、Y	$\theta_A = \frac{PL^2}{2EI_X}$	$f_A = \frac{PL^3}{3EI_X}$
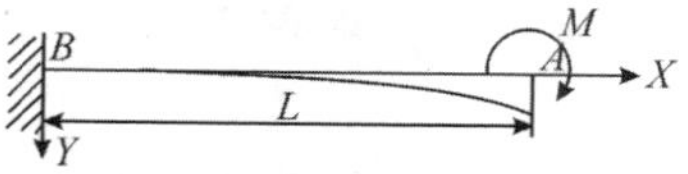 B、A、M、X、L、Y	$\theta_A = \frac{ML}{EI_X}$	$f_A = \frac{ML^2}{2EI_X}$
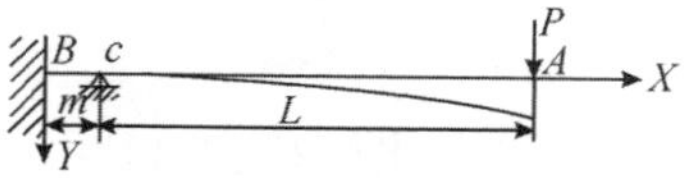 B、c、A、P、X、m、L、Y	$\theta_A = \frac{PL_m}{4EI_X}\left(1+2\times\frac{L}{m}\right)$	$f_A = \frac{PL_m^2}{12EI_X}\left(3+4\times\frac{L}{m}\right)$
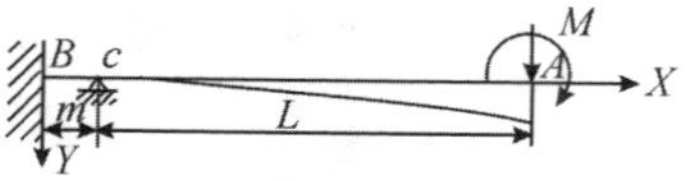 B、c、A、M、X、m、L、Y	$\theta_A = \frac{ML}{4EI_X}\left(1+4\times\frac{L}{m}\right)$	$f_A = \frac{PL_m}{4EI_X}\left(1+2\times\frac{L}{m}\right)$
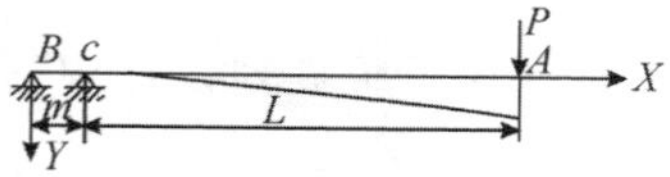 B、c、A、P、X、m、L、Y	$\theta_A = \frac{PL(2m+3L)}{6EI_X}$	$f_A = \frac{PL^2}{3EI_X}(m+L)$
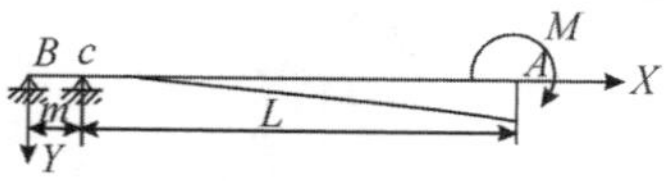 B、c、A、M、X、m、L、Y	$\theta_A = \frac{M}{3EI_X}(m+3L)$	$f_A = \frac{ML}{6EI_X}(2m+3L)$

附表 1-2

梁的简图	挠度
A P c B a b L	$f_c=\dfrac{PL^3}{3EI}\times\omega_{R\alpha}^2$
A P c B a b L	$f_c=\dfrac{ML}{6EI}(\omega_{D\beta}-3\alpha^2\beta)$

$\alpha=\dfrac{a}{L}$，　　α 与 $\omega_{R\alpha}^2$ 的关系查附表 1-3

$\beta=\dfrac{b}{L}$，　　β 与 $\omega_{D\beta}$ 的关系查附表 1-3

附表 1-3

α	$\omega_{R\alpha}^2$	$\omega_{D\alpha}$
0.15	0.0163	0.1466
0.16	0.0181	0.1559
0.17	0.0199	0.1651
0.18	0.0218	0.1742
0.19	0.0237	0.1831
0.20	0.0256	0.1920
⋮	⋮	⋮
0.71	0.0424	0.3521
0.72	0.0406	0.3468
0.73	0.0388	0.3410
0.74	0.0370	0.3348
0.75	0.0352	0.3281
0.76	0.0333	0.3210
0.77	0.0314	0.3135
0.78	0.0294	0.3054
0.79	0.0275	0.2970
0.80	0.0256	0.2880

续表

α	$\omega_{R\alpha}^2$	$\omega_{D\alpha}$
0.81	0.0237	0.2786
0.82	0.0218	0.2686
0.83	0.0199	0.2582
0.84	0.0181	0.2473
0.85	0.0163	0.2359
β	$\omega_{R\beta}^2$	$\omega_{D\beta}$

附录 2:叉车门架用型钢(目前国内供货材质:20MnSi)

C 型钢:

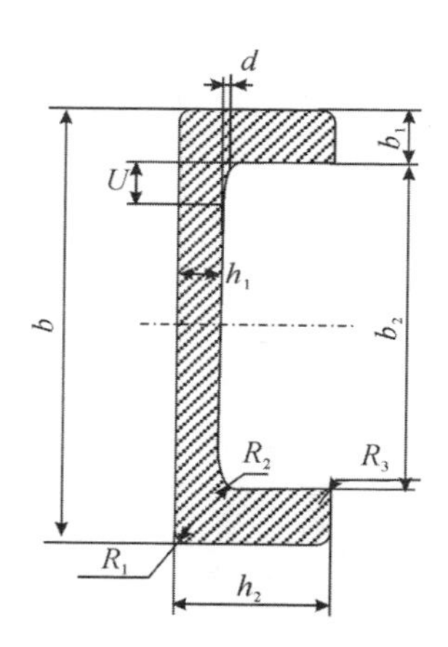

b	b_1	b_2	h	h_1	d	c	R_1	R_2	R_3	I/mm^4	W/mm^3	kg/m
160	20	120	55	15	3	15	4～5	5	2～3	13038098	162976	31.61
148	19	110	45	12	3	15	4～5	5	2～3	8575540	115886	24.10
133	16.5	100	42.2	11	3	15	4～5	5	2～3	5679533	85406	19.77
121.3	21.3	78.7	41	10.8	5	15	4～5	5	2～3	4849202	79954	20.72
103.2	16.2	70.8	40	7.7	3	15	4～5	5	2～3	2698778	52302	14.66

H 型钢：

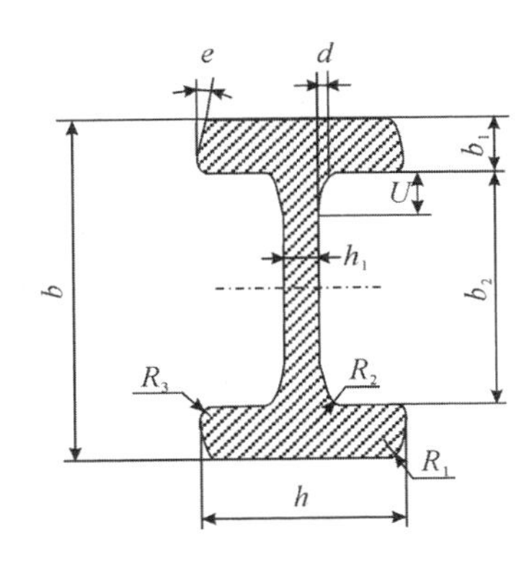

b	b_1	b_2	h	h_1	d	c	e	R_1	R_2	R_3	I/mm^4	W/mm^3	kg/m
113.9	18	77.9	66	11	3	15	10°	4～5	5	2～3	5849074	102705	25.54
129.6	20.5	88.6	72	12	3	15	10°	4～5	5	2～3	9325764	143916	31.35

J 型钢：

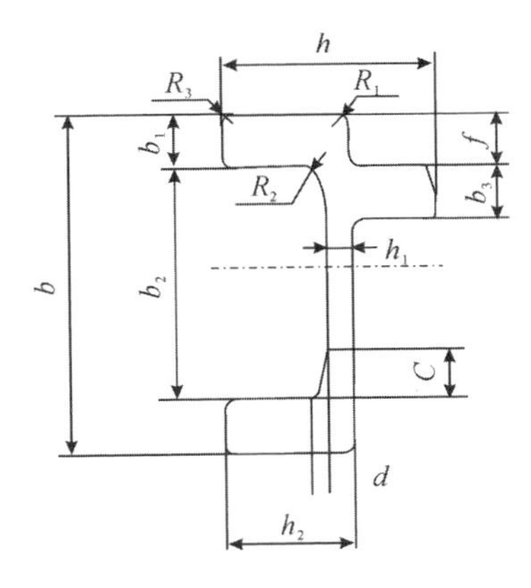

b	b_1	b_2	b_3	h	h_1	h_2	d	c	R_1	R_2	R_3	I/mm^4	W/mm^3	kg/m
103.2	16.2	70.8	16.2	63	7.7	38	3	15	4～5	5	2～3	2824077	50161	17.22
121.3	21.3	78.7	21.7	68	10.8	41	5	15	4～5	5	2～3	5266285	807771	25.02

附录 3:三轮带座位的电动叉车(见附表 3-1 至附表 3-11)

附表 3-1

生产厂商 叉车型号	额定载荷 $Q(t)$ 载荷重心(mm)	动力			功率		尺寸		带蓄电池自重(kg)
		60 分钟行驶电机功率(kW)起升电机工作制 15%的功率(kW)	蓄电池容量(V/Ah)	行驶控制方式	行驶满/空载(km/h) 起升满/空载(m/s) 下降满/空载(m/s)	最大爬坡度(%)满/空载	长度/宽度 结构高度非起升/起升后标准起升/非起升	转弯半径(mm) 工作宽度 Ast(mm)	
BT CB 1000R	1 600	5.6 5.8	24/500	Impuls	10.5/12.5 0.35/0.51 0.53/0.45	7/10	1643/978 2000/3550 3000/150	1323 2403	2480
BT CB 1300R	1.3 600	5.6 5.8	24/700	Impuls	10.2/12.2 0.31/0.52 0.55/0.45	5/9	1751/988 2000/3550 3000/150	1604 2460	2700
BT CB 1500R	1.5 600	5.6 5.8	24/800	Impuls	10.0/12.0 0.28/0.52 0.56/0.45	5/9	1805/988 2000/3550 3000/150	1460 2515	2900
Carer K8	0.8 400	4.2 5.0	24/400 —500	Impuls	10.0/11.0 0.20/0.30 0.40/0.30	8/12	1550/900 2120/3820 3300/90	1240 2550	1950
Carer K10	1.0 500	4.2 5.0	24/400 —500	Impuls	10.0/11.0 0.20/0.30 0.40/0.30	7/11	1570/900 2120/3820 3300/90	1260 2770	2100
Carer K12	1.2 500	6.0 6.2	48/315 —500	Impuls	11.0/12.0 0.20/0.30 0.40/0.30	9.5/15.5	1625/1000 2120/3820 3300/90	1290 2805	2400

附表 3-2

生产厂商 叉车型号	额定载荷 $Q(t)$ 载荷重心 (mm)	动力			功率		尺寸		带蓄电池自重 (kg)
		60 分钟行驶电机功率(kW)起升电机工作制15%的功率(kW)	蓄电池容量 (V/Ah)	行驶控制方式	行驶满/空载(km/h) 起升满/空载(m/s) 下降满/空载(m/s)	最大爬坡度(%)满/空载	长度/宽度 结构高度非起升/起升 后标准起升/非起升	转弯半径(mm) 工作宽度 Ast(mm)	
Carer H13—3	1.3 500	6.0 5.5	48/320 —500	Impuls	10.0/12.0 0.26/0.36 0.55/0.46	9.5/18	1865/1030 2220/3900 3300/90	1475 3065	2950
Carer H15—3	1.6 500	7.0 6.5	48/400 —580	Impuls	10.0/12.0 0.26/0.36 0.55/0.46	8.0/17	1865/1030 2220/3900 3300/90	1475 3065	3100
Carer H18—3	1.8 500	7.0 6.5	48/400 —580	Impuls	9.5/11.0 0.24/0.36 0.55/0.46	8.0/16	1900/1030 2220/3900 3300/90	1510 3100	3300
Carer H16—3	1.6 500	2×5 8	48/500 —580	Impuls	14.5/16.5 0.32/0.49 0.55/0.46	11.5/18	1865/1030 2220/3900 3300/90	1475/3065	3350
Carer H18—3	1.8 500	2×5 8	48/500 —580	Impuls	14.0/16.0 0.30/0.49 0.55/0.46	11/17	1900/1030 2220/3900 3300/90	1510 3100	3500
Carer H20—3	2.0 500	2×5 8	48/525 —870	Impuls	13.0/15.0 0.28/0.49 0.55/0.46	10/16	2090/1030 2220/3900 3300/90	1700 3290	3550

附表 3-3

生产厂商 叉车型号	额定载荷 Q(t) 载荷重心 (mm)	动力			功率		尺寸		带蓄电池自重 (kg)
		60分钟行驶电机功率(kW)起升电机工作制15%的功率(kW)	蓄电池容量(V/Ah)	行驶控制方式	行驶满/空载(km/h) 起升满/空载(m/s) 下降满/空载(m/s)	最大爬坡度(%)满/空载	长度/宽度结构高度非起升/起升后标准起升/非起升	转弯半径(mm) 工作宽度 Ast(mm)	
Caterpillar EP 13T	1.25 500	2×3.2 5.5	24/648	Elektronisehe Steuerung	10.1/11.5 0.20/0.36 0.50/0.50	16.0/23.4	1814/1050 2110/4525 3300/115	1400 2785/2985	2750
Caterpillar EP 13T	1.25 500	2×4.0 6.2	48/525	Elektronisehe Steuerung	12.8/14.4 0.25/0.38 0.55/0.50	25.0/25.0	1798/1050 2110/4525 3300/115	1440 2785/2985	2900
Caterpillar EP 15T	1.50 500	2×3.2 5.5	24/648	Elektronisehe Steuerung	9.7/11.1 0.19/0.36 0.50/0.50	14.2/21.5	1844/1050 2110/4525 3300/115	1460 2805/3005	2950
Caterpillar EP 15T	1.50 500	2×4.0 6.2	48/525	Elektronisehe Steuerung	12.8/14.4 0.24/0.38 0.50/0.50	25.0/25.0	1814/1050 2110/4525 3300/115	1460 2805/3005	3175
Caterpillar EP 18T	1.75 500	2×4.0 5.5	48/690	Elektronisehe Steuerung	12.0/13.9 0.22/0.38 0.50/0.50	25.0/25.0	1923/1050 2110/4525 3300/115	1470 2910/3110	3200
Caterpillar EP 20T	1.90 500	2×4.0 6.2	48/690	Elektronisehe Steuerung	13.0/15.0 0.26/0.46 0.50/0.50	24.7/25.0	1960/1050 2160/4525 3300/140	1626 2910/3110	3450

附表 3-4

生产厂商 叉车型号	额定载荷 $Q(t)$ 载荷重心(mm)	动力			功率		尺寸		带蓄电池自重(kg)
		60 分钟行驶电机功率(kW)起升电机工作制15%的功率(kW)	蓄电池容量(V/Ah)	行驶控制方式	行驶满/空载(km/h) 起升满/空载(m/s) 下降满/空载(m/s)	最大爬坡度(%)满/空载	长度/宽度 结构高度非起升/起升 后标准起升/非起升	转弯半径(mm) 工作宽度 *Ast*(mm)	
Crown SC 3013	1.25 500	2×4.5 10	48/300	Transistor	13/15 0.39/0.55 0.55/0.50	17.2/26.0	1750/1025 2165/3980 3270/120	1392 2895/3200	2715
Crown SC 3016	1.6 500	2×4.5 10	48/400	Transistor	13/15 0.37/0.55 0.55/0.50	14.7/23.8	1858/1025 2165/3780 3270/120	1500 3005/3310	2953
Crown SC 3018	1.8 500	2×4.5 10	48/500	Transistor	12/14 0.36/0.55 0.55/0.50	13.3/22.0	1956/1080 2165/3780 3270/120	1608 3115/3420	3191
Fiat—OM E8N	0.8 500	2×1.1 3.0	24/560	Impuls	11/12 0.23/0.40 0.44/0.38	10/14.5	1460/850 2060/3520 3300/115	1185 2460/2860	1600
Fiat—OM E10N	1.0 500	2×1.1 3.0	24/640	Impuls	10/11 0.20/0.40 0.46/0.38	8/12	1510/950 2060/3520 3000/105	1240 2510/2910	1860
Fiat—OM E3/12N	1.2 500	2×2.8 6.0	36/490	Impuls	12.5/14.5 0.31/0.53 0.45/0.42	12/16	1670/1035 2180/3840 3300/200	1315 2670/3070	2600

附表 3-5

生产厂商 叉车型号	额定载荷 $Q(t)$ 载荷重心 (mm)	动力			功率		尺寸		带蓄电 池自重 (kg)
		60 分钟行驶电机功率(kW)起升电机工作制15%的功率(kW)	蓄电池 容量 (V/Ah)	行驶控 制方式	行驶满/空载(km/h) 起升满/空载(m/s) 下降满/空载(m/s)	最大爬 坡度(%) 满/空载	长度/宽度 结构高度非起升/起升 后标准起升/非起升	转弯半径 (mm) 工作宽度 Ast(mm)	
Fiat—OM EU 3/12	1.5 500	2×4.0 9.0	48/345	Impuls	16/17 0.38/0.58 0.53/0.54	15.5/21.5	1805/1085 2175/3840 3310/120	1400 2805/3205	2685
Fiat—OM E 3/15	1.5 500	2×2.8 6.0	36/640	Impuls	12/14 0.26/0.46 0.48/0.42	10.5/14.5	1740/1085 2180/3840 3300/200	1395 2740/3140	2940
Fiat—OM E 3/15	1.5 500	2×4.0 9.0	48/460	Impuls	15.5/17 0.35/0.57 0.54/0.54	13.5/19.5	1910/1085 2175/3840 3310/120	1505 2910/3310	2960
Fiat—OM E 3/17.5N	1.75 500	2×2.8 6.0	36/720	Impuls	11.5/13.5 0.25/0.46 0.48/0.42	9.5/13	1870/1085 2180/3840 3300/200	1525 2870/3270	3180
Fiat—OM E 3/17.5	1.75 500	2×4.0 9.0	48/575	Impuls	15/16.5 0.33/0.57 0.56/0.54	12/18.5	2020/1085 2175/3840 3310/1200	1610/3020/ 3420	3150
Linde L6ZT	0.6 500	2.0 3.0	24/400	Impuls	9.3/10.7 0.15/0.20	9/12	1305/1000 1950/3590 3000/140	1195 2527/2813	1800

附表 3-6

生产厂商 叉车型号	额定载荷 $Q(t)$ 载荷重心 (mm)	动力			功率		尺寸		带蓄电池自重 (kg)
		60分钟行驶电机功率(kW)起升电机工作制15%的功率(kW)	蓄电池容量 (V/Ah)	行驶控制方式	行驶满/空载(km/h) 起升满/空载(m/s) 下降满/空载(m/s)	最大爬坡度(%)满/空载	长度/宽度 结构高度非起升/起升 后标准起升/非起升	转弯半径(mm) 工作宽度 Ast(mm)	
Linde L8ZT	0.8 500	2.0 3.0	24/500	Impuls	9.0/10.7 0.14/0.20	8.5/12	1360/1000 1950/3590 3000/140	1250 2582/2868	1900
Linde L10ZT	1.0 500	2.0 3.0	24/600	Impuls	9.3/10.7 0.13/0.20	8.5/11.5	1415/1000 1950/3590 3000/140	1305 2637/2923	1980
Linde L12ZT	1.2 500	2.0 3.0	24/700	Impuls	9.3/10.7 0.13/0.20	8.5/11.0	1470/1000 1950/3590 3000/140	1360 2692/2978	2080
Linde E10	1.0 (600)	2.2 3.0	24/360	Impuls	8.0/9.0 0.17/0.27 0.30/0.30	8/15	1252/820 2000/2025 1480/1460	1114 2427/2710	1973
Linde E12	1.2 (500)	2×3 5.0	24/500	Impuls	11/12.5 0.27/0.48 0.56/0.47	15.5/23.3	1615/1083 2137/3813 3250/150	1265 2762/3065	2646
Linde E15	1.5 (500)	2×3 5.0	24/800	Impuls	10.6/12.5 0.25/0.48 0.58/0.47	13.4/21.4	1795/1083 2137/3813 3250/150	1445 2942/3245	2860

附表 3-7

生产厂商 叉车型号	额定载荷 $Q(t)$ 载荷重心 (mm)	动力			功率		尺寸		带蓄电 池自重 (kg)
		60 分钟行驶电机功率(kW)起升电机工作制15%的功率(kW)	蓄电池容量(V/Ah)	行驶控制方式	行驶满/空载(km/h) 起升满/空载(m/s) 下降满/空载(m/s)	最大爬坡度(%)满/空载	长度/宽度 结构高度非起升/起升 后标准起升/非起升	转弯半径(mm) 工作宽度 Ast(mm)	
Linde E16	1.6 (500)	2×4 9.5	48/600	Impuls	13.4/15.8 0.41/0.62 0.58/0.47	17/27.7	1965/1083 2137/3813 3250/150	1615 3112/3415	2974
Linde E14	1.4 (500)	2×4 9.0	48/400	Impuls	13/16 0.40/0.60 0.58/0.47	16/24.4	1781/1083 2181/3857 3250/150	1465 2935/3236	2995
Linde E16c	1.6 (500)	2×4 9.0	48/500	Impuls	13/16 0.38/0.60 0.58/0.47	16/26.3	1837/1083 2181/3857 3250/150	1512 2992/3293	3010
Linde E16	1.6 (500)	2×4 9.0	48/600	Impuls	13/16 0.38/0.60 0.58/0.47	14/22.9	1879/1083 2182/3857 3250/150	1553 3033/3334	3385
Mitsubishi FBS13	1.25 500	2×3.2 5.5	24/648	lmpuls	10.1/11.5 0.20/0.36 0.50/0.50	16.0/23.4	1814/1050 2110/4525 3300/115	1440 2785/2985	2750
Mitsubishi FBS13	1.25 500	2×4.0 6.2	48/525	lmpuls	12.8/14.4 0.25/0.38 0.50/0.50	25.0/25.0	1798/1050 2110/4525 3300/115	1440 2785/2985	2900

附表 3-8

生产厂商 叉车型号	额定载荷 $Q(t)$ 载荷重心 (mm)	动力			功率		尺寸		带蓄电池自重 (kg)
		60分钟行驶电机功率(kW)起升电机工作制15%的功率(kW)	蓄电池容量 (V/Ah)	行驶控制方式	行驶满/空载(km/h) 起升满/空载(m/s) 下降满/空载(m/s)	最大爬坡度(%) 满/空载	长度/宽度 结构高度非起升/起升 后标准起升/非起升	转弯半径 (mm) 工作宽度 Ast(mm)	
Mitsubishi FBS15	1.50 500	2×3.2 5.5	24/648	Elektronisehe Steuerung	9.7/11.1 0.19/0.36 0.50/0.50	14.2/21.5	1844/1050 2110/4525 3300/115	1460 2805/3005	2950
Mitsubishi FBS15	1.50 500	2×4.0 6.2	48/525	Elektronisehe Steuerung	12.8/14.4 0.24/0.38 0.50/0.50	25.0/25.0	1814/1050 2110/4525 3300/115	1460 2805/3005	3175
Mitsubishi FBS18	1.75 500	2×4.0 6.2	48/690	Elektronisehe Steuerung	12.0/13.9 0.22/0.38	25.0/25.0	1923/1050	1570 2910/3110	3200
Mitsubishi FBS20	1.90 500	2×4 9.0	48/600	Elektronisehe Steuerung	13.0/15.0 0.26/0.46 0.50/0.50	24.7/25.0	1960/1050 2160/4525 3300/140	1626 2960/3160	3450
Nissan NO1L13U	1.25 500	2×3.9 7.4	48/300	Impuls	12/13 0.32/0.44 0.50/0.55	18/28	1750/1050 2105/4245 3300/95	1390 2750/2950	2760
Nissan NO1L15U	1.50 500	2×3.9 7.4	48/400	Impuls	11.5/13 0.30/0.44 0.50/0.55	16/25	1855/1050 2105/4245 3300/95	1495 2855/3055	2990

附表 3-9

生产厂商 叉车型号	额定载荷 $Q(t)$ 载荷重心 (mm)	动力			功率		尺寸		带蓄电 池自重 (kg)
		60 分钟行驶电机功率(kW)起升电机工作制15%的功率(kW)	蓄电池容量(V/Ah)	行驶控制方式	行驶满/空载(km/h) 起升满/空载(m/s) 下降满/空载(m/s)	最大爬坡度(%)满/空载	长度/宽度 结构高度非起升/起升 后标准起升/非起升	转弯半径(mm) 工作宽度 Ast(mm)	
Nissan NO1L18U	1.75 500	2×3.9 7.4	48/400	Impuls	14.5/17.5 0.34/0.58 0.50/0.50	16/21	2010/1050 2145/4245 3300/100	1525 2890/3090	3145
Still R50—10	1.00 500	4.00 7.6	24/600	Stilltronic —Impuls	12.0/13.5 0.28/0.49 0.6/0.4	14.7/28.8	1611/980 2215/4069 3430/150	1347 2746/3066	2045
Still R50—10L	1.00 500	4.00 7.6	24/600	Stilltronic —Impuls	12.0/13.5 0.28/0.49 0.6/0.4	14.7/28.8	1729/1009 2240/4069 3430/150	1410 2859/3181	2060
Still R20—15	1.5 500	2×4 9	48/600	Stilltronic —Impuls	14/16 0.42/0.63 0.6/0.47	18/28	1865/1088 2240/4070 3430/150	1523 3000/3324	2810
Still R20—16	1.6 500	2×4 9	48/720	Stilltronic —Impuls	14/16 0.42/0.63 0.6/0.47	17.6/28	2770/1088 2240/4070 3430/150	1627 3109/3433	2940
Still R20—18	1.8 500	2×4 9	48/720	Stilltronic —Impuls	14/16 0.38/0.60 0.6/0.47	16/26	1970/1148 2240/3983	1627 3109/3433	3070

附表 3-10

生产厂商叉车型号	额定载荷 $Q(t)$ 载荷重心(mm)	动力			功率		尺寸		带蓄电池自重(kg)
		60 分钟行驶电机功率(kW)起升电机工作制15%的功率(kW)	蓄电池容量(V/Ah)	行驶控制方式	行驶满/空载(km/h) 起升满/空载(m/s) 下降满/空载(m/s)	最大爬坡度(%)满/空载	长度/宽度 结构高度非起升/起升 后标准起升/非起升	转弯半径(mm) 工作宽度 Ast(mm)	
TCM FTB15E3	1.5 500	2×3 5.5	48/400 —511	Impuls	12/14 0.29/0.46 0.45/0.55	20/22	1895/1070 2145/4305 3300/155	1510 2890/3290	3145
TCM FTB18E3	1.75 500	2×3 5.5	48/400 —511	Impuls	11.5/13.5 0.25/0.46 0.45/0.55	20/22	1935/1070 2145/4305 3300/155	1550 2935/3335	3235
Toyota 5FBE10	1.0 500	3.3×2 8.0	48/280	Transist. Impuls	12.5/14.5 0.32/0.50 0.42/0.50	11/15	1790/995 1970/3920 3300/140	1350 2735/2935	2445 (2575)
Toyota 5FBE13	1.25 500	3.3×2 8.0	48/280	Transist. Impuls	12/14 0.30/0.50 0.42/0.50	9/14	1790/995 1970/3920 3300/140	1385 2770/2970	2635 (2755)
Toyota 5FBE15	1.5 500	3.3×2 8.0	48/390	Transist. Impuls	11.5/13.5 0.28/0.50 0.42/0.50	8/12	1895/0.75 1970/3920 3300/140	1500 2885/3085	2950 (3030)
Toyota 5FBE18	1.75 500	3.3×2 8.0	48/390	Transist. Impuls	11/13 0.25/0.48 0.42/0.50	7/11	1936/1075 1970/3920 3300/140	1500 2935/3135	3150 (3220)

附表 3-11

生产厂商 叉车型号	额定载荷 $Q(t)$ 载荷重心(mm)	动力			功率		尺寸		带蓄电池自重(kg)
		60分钟行驶电机功率(kW)起升电机工作制15%的功率(kW)	蓄电池容量(V/Ah)	行驶控制方式	行驶满/空载(km/h) 起升满/空载(m/s) 下降满/空载(m/s)	最大爬坡度(%)满/空载	长度/宽度 结构高度非起升/起升 后标准起升/非起升	转弯半径(mm) 工作宽度 *Ast*(mm)	
Yale ERP10RCL	1.0 500	3.7 3.7	24/500 —960	Impuls	12.9/13.4 0.28/0.43 0.56/0.45	20/20	1770/1050 2080/3860 3300/50	1450 2770/3170	2795
Yale ERP12RCL	1.5 500	3.7 3.7	24/500 —960	Impuls	11.9/13.2 0.26/0.43 0.56/0.45	20/20	1770/1050 2080/3860 3300/50	1450 2770/3170	2960
Yale ERP15RCL	1.5 500	3.7 3.7	24/500 —960	Impuls	11.1/13.1 0.24/0.43 0.56/0.45	11.5/20	1770/1050 2080/3860 3300/50	1450 2770/3170	3185
Yale ERP16ATF	1.6 500	2×4.6 10.8	48/602	Impuls	14.0/16.0 0.41/0.59 0.51/0.38	20.4/30.2	1850/1040 2130/3940 3300/50	1515 2850/3250	3075
Yale ERP18ATF	1.8 500	2×4.6 10.8	48/688	Impuls	13.5/15.5 0.38/0.59 0.54/0.38	18.5/28.2	1945/1040 2130/3940 3300/50	1610 2945/3345	3435
Yale ERP20ATF	2.0 500	2×4.6 10.8	48/688	Impuls	13.0/15.0 0.38/0.59 0.58/0.38	15.8/24.5	1945/1077 2130/3940 3300/100	1610 2945/3345	3715

附录 4:四轮带座位的电动叉车(见附表 4-1 至附表 4-5)

附表 4-1

生产厂商 叉车型号	额定载荷 $Q(t)$ 载荷重心 (mm)	动力			功率		尺寸		带蓄电池自重 (kg)
		60 分钟行驶电机功率(kW)起升电机工作制15%的功率(kW)	蓄电池容量(V/Ah)	行驶控制方式	行驶满/空载(km/h) 起升满/空载(m/s) 下降满/空载(m/s)	最大爬坡度(%)满/空载	长度/宽度结构高度非起升/起升后标准起升/非起升	转弯半径(mm) 工作宽度Ast(mm)	
BT CB1300FL	1.6 600	2×3 5.8	24/800	Impuls	11.5/13 0.28/0.50 0.56/0.44	8.1/12.9	1736/1030 2000/3550 3000/150	1391 2446	2700
BT CB1600FL	1.6 600	2×3 5.8	48/1000	Impuls	11.2/12.6 0.25/0.50 0.56/0.44	7.5/11.5	1882/1030 2000/3550 3000/150	1532/2582	2800
BT CB1600F	1.6 600	2×2.5 7.3	48/500	Impuls	12/13.5 0.32/0.52 0.56/0.44	7.4/11.9	1882/1030 2000/3550 3000/150	1532 2582	3000
BT CB1800F	1.8 600	2×3.5 7.3	48/500	Impuls	12/13 0.31/0.52 0.56/0.44	7.0/11.5	1882/1030 2000/3550 3000/150	1532 2582	3200
BT CB2000F	2.0 600	2×4 11.8	48/600	Impuls	12.5/15.5 0.32/0.45 0.56/0.44	5.5/9.5	1990/1096 2250/4050 3500/150	1640	3300
BT CB1600T	1.6 600	2×3.0 7.3	48/500	Impuls	11.5/14 0.32/0.52 0.45/0.48	6.5/11.5	1975/1030 2000/3550 3000/150	1820 2870	3000

附表 4-2

生产厂商 叉车型号	额定载荷 $Q(t)$ 载荷重心(mm)	动力			功率		尺寸		带蓄电池自重(kg)
		60分钟行驶电机功率(kW)起升电机工作制15%的功率(kW)	蓄电池容量(V/Ah)	行驶控制方式	行驶满/空载(km/h) 起升满/空载(m/s) 下降满/空载(m/s)	最大爬坡度(%)满/空载	长度/宽度 结构高度非起升/起升 后标准起升/非起升	转弯半径(mm) 工作宽度 Ast(mm)	
BT CB1800T	1.8 600	2×3.0 7.3	48/500	Impuls	11.5/13.5 0.31/0.52 0.54/0.48	6.0/10.5	1975/1030 2000/3550 3000/150	1820 2870	3200
BT CB2000T	2.0 600	2×4.0 11.8	48/600	Impuls	13/16 0.32/0.45 0.57/0.51	5.5/9.5	2080/1096 2250/4050 3500/150	1950 3000	3400
BT CB2000H	2.0 600	11.5 14.5	80/360	Impuls	14/16.9 0.45/0.60 0.48/0.51	9/5	2098/1163 2035/4050 3500/150	1880 2850	3500
BT CB2500H	2.5 600	11.5 21	80/480	Impuls	13/16 0.46/0.60 0.48/0.50	4/9	2242/1136 2450/4050 3500/150	2000 2960	4000
BT CB3000H	3.0 600	11.5 21	80/600	Impuls	14/16 0.44/0.60 0.46/0.50	3/7	2397/1215 2450/4050 3500/150	2165 3100	4500
Carer R35C	3.5 500	15 15	80/560 —850	Impuls	15/18 0.28/0.38 0.50/0.40	9.5/17	2600/1225 2270/3960 3300/90	2300 4040	6000

附表 4-3

生产厂商 叉车型号	额定载荷 $Q(t)$ 载荷重心 (mm)	动力			功率		尺寸		带蓄电 池自重 (kg)
		60 分钟行驶电机功率(kW)起升电机工作制15%的功率(kW)	蓄电池 容量 (V/Ah)	行驶控 制方式	行驶满/空载(km/h) 起升满/空载(m/s) 下降满/空载(m/s)	最大爬 坡度(%) 满/空载	长度/宽度 结构高度非起升/起升 后标准起升/非起升	转弯半径 (mm) 工作宽度 Ast(mm)	
Carer R40N	4.0 500	17 15	80/640 —920	Impuls	15/17.4 0.30/0.47 0.50/0.40	16/28	2635/1390 2270/3960 3300/90	2370 4110	6500
Carer R45N	4.5 500	17 15	80/640 —920	Impuls	16.6/17.2 0.28/0.45 0.50/0.40	14.5/26	2695/1390 2270/3960 3300/90	2420 4160	6950
Carer R50N	5.0 600	22 16	80/640 —920	Impuls	14/16 0.28/0.45 0.50/0.40	10/17	2960/1400 2510/4210 3300/0	2620 4650	8800
Carer R60N	6.0 600	11.5 21	80/720 —1250	Impuls	13/15 0.19/0.40 0.50/0.40	11/20	3190/1560 2510/4210 3300/0	2830 4885	9800
Carer R70N	7.0 600	22 21	80/800 —1250	Impuls	12/14 0.18/0.30 0.50/0.40	10/17.5	3295/1750 2765/4563 3600/0	2900 4985	1700
Carer R85	8.5 600	22 21	80/960 —1380	Impuls	11/12 0.18/0.30 0.50/0.40	13/23.5	3540/1750 2765/4563 3600/0	3370 5465	12600

附表 4-4

生产厂商 叉车型号	额定载荷 $Q(t)$ 载荷重心 (mm)	动力			功率		尺寸		带蓄电池自重 (kg)
		60分钟行驶电机功率(kW)起升电机工作制15%的功率(kW)	蓄电池容量 (V/Ah)	行驶控制方式	行驶满/空载(km/h) 起升满/空载(m/s) 下降满/空载(m/s)	最大爬坡度(%) 满/空载	长度/宽度 结构高度非起升/起升 后标准起升/非起升	转弯半径 (mm) 工作宽度 Ast(mm)	
Carer R100	10.0 600	26.4 29.5	96/1125 —1305	Impuls	9/11 0.20/0.28 0.40/0.40	15/26.5	3915/2154 2975/— 3600/0	3700 5850	15150
Clark CEM12SX	1.25 500	2×5.2 10	48/480 —600	Impuls	13.7/16.4 0.42/0.60 0.5/0.5	16.8/24.5	1925/970 2185/3770 3270/130	1731 3081/3281	2785
Clark CEM16S	1.6 500	2×5.2 10	48/600 —750	Impuls	13.3/16.2 0.38/0.60 0.5/0.5	16.0/23.4	2077/1015 2185/3770 3270/130	1881 3231/3431	3269
Clark CEM20S	2.0 500	2×5.2 10	48/600 —750	Impuls	13.2/16.2 0.35/0.60 0.5/0.5	15.7/23.5	2185/1065 2185/3770 3270/130	1981 3331/3531	3189
Clark CEM25S	2.5 500	13.0 18.0	80(72)/ 480—600	Impuls	15.3/17.8 0.42/0.58 0.49/0.46	17.0/25.0	2324/1180 2000/3775 3270/130	2019 3448/3648	4630
Clark CEM30S	3.0 500	13.0 18.0	80(72)/ 480—600	Impuls	14.6/17.2 0.39/0.58 0.49/0.46	11.5/18	2390/1180 2220/3955 3270/130	2054 3509/3709	5100

附表 4-5

生产厂商 叉车型号	额定载荷 $Q(t)$ 载荷重心(mm)	动力			功率		尺寸		带蓄电池自重(kg)
		60 分钟行驶电机功率(kW)起升电机工作制15%的功率(kW)	蓄电池容量(V/Ah)	行驶控制方式	行驶满/空载(km/h) 起升满/空载(m/s) 下降满/空载(m/s)	最大爬坡度(%)满/空载	长度/宽度结构高度非起升/起升后标准起升/非起升	转弯半径(mm) 工作宽度 Ast(mm)	
Fiat—OM E15N	1.5 500	2×2.8 6.0	36/560 —720	Impuls	12/14 0.26/0.46 0.48/0.42	10.5/14.5	1660/1085 2180/3840 3300/120	1750 3095/3495	2880
Fiat—OM EU20	2.0 500	9.20 12.9	80/350 —480	Impuls	17.0/19.0 0.40/0.70 0.55/0.50	12.5/30.0	2140/1135 2175/3840 3300/120	1900 3360/3760	3560
Fiat—OM EU30	3.0 500	15.0 16.1	80/560 —736	Impuls	17.0/18.0 0.33/0.60 0.50/0.47	12.5/26.0	2440/1210 2250/3925 3300/135	2165 3670/4070	4936
Jungheinrich EFG—V16	1.6 500	10.0 13.5	80/360	Impuls —Mosfet	15.2/15.6 0.45/0.68 0.50/0.42	19.0/27.0	2045/1120 2200/3870 3210/100	1809 3373/3573	3890
Jungheinrich EFG—V20	2.0 500	10.0 13.5	80/360	Impuls	15.3/15.9 0.36/0.56 0.50/0.42	15.0/23.0	2045/1120 2200/3870 3210/100	1870 3434/3634	3890
Jungheinrich EFG—V25	2.5 500	11.5 21.0	80/480	Impuls	14.3/16.3 0.46/0.60 0.48/0.50	17/18	2252/1160 2350/3935 3300/150	2155 3795/3995	4550

附录 5:步行式电动叉车(见附表 5-1、附表 5-2)

附表 5-1

生产厂商 叉车型号	额定载荷 $Q(t)$ 载荷重心 (mm)	动力			功率		尺寸		带蓄电池自重 (kg)
		60 分钟行驶电机功率(kW)起升电机工作制15%的功率(kW)	蓄电池容量 (V/Ah)	行驶控制方式	行驶满/空载(km/h) 起升满/空载(m/s) 下降满/空载(m/s)	最大爬坡度(%) 满/空载	长度/宽度 结构高度非起升/起升 后标准起升/非起升	转弯半径 (mm) 工作宽度 Ast(mm)	
Almocar Conny Car DGF－F30	0.3 350	1.0 1.6	24/110	Schutz	4.0/5.2 0.11/0.14	6/9	1017/580 1650/2750 2200/—	1220 1680	850
Almocar Conny Car DGF－F50	0.5 350	1.0 1.6	24/110	Schutz	4.0/5.2 0.11/0.14	6/9	1170/750 1650/2750 2200/—	1400 1780	1150
Almocar Conny Car DGF－F50	0.75 350	1.0 1.6	24/165	schutz	4.0/5.2 0.11/0.14	6/9	1190/890 1650/2750 2200/—	1480 1800	1150
Brancke EGV	1.0	0.5 2.5	24/100 (160)	Impuls	4/6 0.1/0.16 0.15/0.1	9/15	660/800 1970/1970 1600/1510	1400 2060	515
BT LSR1200	1.2 600	1.4－60% 3.1－20%	24/165 －240	Impuls	5/5.5 0.12/0.20	10/12	850 1715/2870 2350/170	1680 2300	1350
Lafis LEGG16	1.6 500	1.5 2.5	24/280 －400	Impuls	14.3/16.3 0.46/0.60 0.48/0.50	8/12	1685/880 1957/3464 2900/200	1560 3100/2700	2360－ 2480

附表 5-2

生产厂商 叉车型号	额定载荷 $Q(t)$ 载荷重心 (mm)	动力			功率		尺寸		带蓄电池自重(kg)
		60分钟行驶电机功率(kW)起升电机工作制15%的功率(kW)	蓄电池容量(V/Ah)	行驶控制方式	行驶满/空载(km/h) 起升满/空载(m/s) 下降满/空载(m/s)	最大爬坡度(%)满/空载	长度/宽度 结构高度非起升/起升 后标准起升/非起升	转弯半径(mm) 工作宽度 Ast(mm)	
Jungheinrich EJG06	0.6 500	1.0 2.3—20%	24/300	Impuls	5.3/5.8 0.15/0.29 0.50/0.25	4/11	1325/850 1900/3371 2900/—	1270 2730	1600
Jungheinrich EJG08	0.8 500	1.0 2.3—20%	24/300	Impuls	5.3/5.8 0.15/0.29 0.50/0.25	4/11	1475/850 2900/—	1420 2880	1600
Jungheinrich EJG010	1.0 500	1.0 2.3—20%	24/300	Impuls	5.3/5.8 0.11/0.15 0.50/0.25	4/11	1625/850 2900/—	1570 3030	1920
Linde L10AC	1.0 500	1.0 3.0	24/210	Impuls	4.3/4.6 0.14/0.20 0.34/0.23	10/16	1564/885 1905/3330 2750/150	1755 3070	1915
Linde L12AC	1.2 500	1.0 3.0	24/210	Impuls	4.2/4.6 0.13/0.20 0.34/0.23	9/16	1764/850 1905/3330 2750/150	1955 3270	1996
Linde L16AC	1.6 500	1.0 3.0	24/210	Impuls	4.2/4.6 0.11/0.20 0.34/0.23	7/15	1964 1905/3330 2750/150	2155 3470	2091

附录 6：前移（门架）式电动叉车（见附表 6-1 至附表 6-5）

附表 6-1

生产厂商 叉车型号	额定载荷 $Q(t)$ 载荷重心 (mm)	动力			功率		尺寸		带蓄电池自重 (kg)
		60 分钟行驶电机功率(kW)起升电机工作制 15%的功率(kW)	蓄电池容量 (V/Ah)	行驶控制方式	行驶满/空载(km/h) 起升满/空载(m/s) 下降满/空载(m/s)	最大爬坡度(%) 满/空载	长度/宽度结构高度非起升/起升后标准起升/非起升	转弯半径 (mm) 工作宽度 Ast(mm)	
BT Reflex RR N1	1.35 600	5—60% 10—15%	48/270	Transistor	10.1/11.2 0.33/0.5 0.5/0.46	10/15	1812/1100 2012/4905 4400/1506	1640 2610	2600
BT Reflex RR N2	1.5 600	5—60% 10—15%	48/360	Transistor	10.1/11.2 0.33/0.5 0.5/0.46	10/15	1812/1100 2012/4905 4400/1506	1640 2675	3300
BT Reflex RR N3	1.6 600	5—60% 10—15%	48/480	Transistor	10.1/11.2 0.33/0.5 0.5/0.46	10/15	1812/1100 2012/4905 4400/1506	1640 2665	3540
BT Reflex RR B1/E1	1.6 600	5—60% 10—15%	48/360	Transistor	10.1/11.2 0.33/0.5 0.5/0.46	10/15	1812/1270 2012/4906 4400/1506	1640 2610	2800
BT Reflex RR B4/E4	2.0 600	6.5—60% 10—15%	48/360	Transistor	9.7/10.4 0.3/0.48 0.49/0.46	10/15	1887/1270 2140/5165 4600/1574	1685 2605	3300
BT Reflex RR B7/E7	2.5 600	6.5—60% 14—15%	48/600	Transistor	9.0/9.7 0.27/0.5 0.47/0.44	7/17	2012/1100 2311/5381 4800/1691	1806 2858	4900

附表 6-2

生产厂商 叉车型号	额定载荷 $Q(t)$ 载荷重心 (mm)	动力			功率		尺寸		带蓄电池自重 (kg)
		60分钟行驶电机功率(kW)起升电机工作制15%的功率(kW)	蓄电池容量 (V/Ah)	行驶控制方式	行驶满/空载(km/h) 起升满/空载(m/s) 下降满/空载(m/s)	最大爬坡度(%)满/空载	长度/宽度 结构高度非起升/起升 后标准起升/非起升	转弯半径 (mm) 工作宽度 Ast(mm)	
Crown SP 3012 —1.0TT	1.0 600	2.6 2.5	24/500 —800	Transistor	8.5/9.7 0.14/0.23 0.19/0.22		2145/1020 2720/8370 6860/510	1730 1270	3600
Crown SP 3011 —1.25TT	1.25 600	2.6 2.5	24/500 —800	Transistor	8.5/9.7 0.14/0.23 0.19/0.20		1895/1020 2720/8370 6095/510	1730 1270	3380
Crown RD 3520 —1.35	1.35 600	4.4 6.6	36/600 —750	Transistor	11.0/11.8 0.37/0.51 0.46/0.45	10/10	1407/990 2260/5945 5030/1345	1760 2710/2859	3319
Crown ESR 3020 —1.6	1.6 600	5 10.5	48/360 —775	Transistor	10.5/11.3 0.36/0.51 0.47/0.40	12/12	1105/1225 2050/3880 3080/160	1738 2560/2635	3480
Crown ESR 3020 —2.0	2.0 600	5 10.5	48/360 —775	Transistor	10/10.8 0.30/0.45 0.47/0.40	12/12	1105/1225 2050/3880 3080/160	1738 2560/2635	3730
Crown RR 3540 —2.0	2.0 600	4.4 6.6	36/800 —900	Transistor	11.0/11.8 0.35/0.51 0.46/0.43	10/10	1328/1140 2260/5945 5025/1345	1765 2665/2825	3895

附表 6-3

生产厂商 叉车型号	额定载荷 $Q(t)$ 载荷重心 (mm)	动力			功率		尺寸		带蓄电池自重 (kg)
		60 分钟行驶电机功率(kW)起升电机工作制15%的功率(kW)	蓄电池容量 (V/Ah)	行驶控制方式	行驶满/空载(km/h) 起升满/空载(m/s) 下降满/空载(m/s)	最大爬坡度(%) 满/空载	长度/宽度 结构高度非起升/起升后标准起升/非起升	转弯半径 (mm) 工作宽度 Ast(mm)	
Linde R12	1.25 600	2.9 4.5(20%)	24/480	Impuls	9.5/10.5 0.16/0.30 0.40/0.30	10/12.5	1085/1240 2100/3840 3260/140	2630 2436/2605	2440
Linde R14	1.4 600	5.0 9.0	48/360	Impuls	10/11.5 0.34/0.60 0.55/0.45	10/10	1184/1250 2110/5383 4655/1261	1540 2514/2715	2890
Linde R16	1.6 600	5.0 9.0	48/360	Impuls	9.8/11.5 0.34/0.60 0.55/0.45	10/10	1189/1250 2110/5395 4655/1261	1640 2552/2720	2940
Linde R20	2.0 600	5.0 9.0	48/480	Impuls	9.6/11.2 0.30/0.48 0.55/0.40	10/10	1261/1250 2476/5395 4655/1627	1775 2657/2803	3260
Nissan JHCO1 L14CU	1.35 600	3.5 6.5	48/400	Impuls	9/10 0.24/0.41 0.50/0.50	13/25	1240/1250 2145/4195 3300/340	1575 2465/2665	2590
Nissan JHCO1 L15CU	1.5 600	3.5 6.5	48/400	Implus	9/10 0.24/0.41 0.50/0.50	12/23	1245/1250 2145/4195 3300/340	1675 2470/2670	2605

附表 6-4

生产厂商 叉车型号	额定载荷 $Q(t)$ 载荷重心(mm)	动力			功率		尺寸		带蓄电池自重(kg)
		60分钟行驶电机功率(kW)起升电机工作制15%的功率(kW)	蓄电池容量(V/Ah)	行驶控制方式	行驶满/空载(km/h) 起升满/空载(m/s) 下降满/空载(m/s)	最大爬坡度(%)满/空载	长度/宽度 结构高度非起升/起升 后标准起升/非起升	转弯半径(mm) 工作宽度 Ast(mm)	
Nissan JHCO1 L18CU	1.8 600	3.5 6.5	48/400	Impuls	8.5/10 0.23/0.41 0.50/0.50	10/22	1245/1250 2145/4195 3300/340	1755 2470/2670	2630
Still Wagner FM20	2.0 600	4.5 9.0	48/480—600	Impuls	11/11 0.28/0.48 0.50/0.40	10/15	1327/1250 4975/5575 1615/1815	1700 2527—2599 2727—2799	3270—3600
Still Wangner EFSM 250 Tele	2.5 600	4.2 9.0	48/480—600	Impuls	9.5/10.5 0.29/0.35	7/12	1409/1290 2250/3600 3960/6660	1935 2515/2895	3680
Toyota 6FBRE12	1.2 600	3.4 5.9	48/360	Transistor Impuls	9/10 0.31/0.50 0.49/0.55	8/13	1145/1250 2145/4150 3300/415	1570 2570/2370	2610
Toyota 6FBRE14	1.35 600	4.3 8	48/360	Transistor Impuls	9/10 0.30/0.50 0.47/0.55	12/20	1145/1250 2145/4150 3300/415	1575 2465/2665	2630
Toyota 6FBRE16	1.6 600	4.3 8	48/360	Transistor Impuls	8.5/10 0.29/0.50 0.47/0.55	11/19	1145/1250 2145/4150 3300/415	1670 2570/2370	2770

附表 6-5

生产厂商 叉车型号	额定载荷 $Q(t)$ 载荷重心 (mm)	动力			功率		尺寸		带蓄电池自重 (kg)
		60 分钟行驶电机功率(kW)起升电机工作制15%的功率(kW)	蓄电池容量 (V/Ah)	行驶控制方式	行驶满/空载(km/h) 起升满/空载(m/s) 下降满/空载(m/s)	最大爬坡度(%) 满/空载	长度/宽度 结构高度非起升/起升后标准起升/非起升	转弯半径 (mm) 工作宽度 Ast(mm)	
Toyota 6FBRE20	2.0 600	4.5 8.0	24/750	Transistor Impuls	8.5/10 0.20/0.33 0.48/0.35	7/12	1250/1250 2190/4150 3300/445	1750 2675/2475	3330
Sicheischmidt M1210	1.0 600	3.5 4.0	24/750	Impuls	9.4/10.7 0.18/0.27 regelbar	16/23	1110/1210 2975/8025 7400/2350	1575 2140 2540	2400
Sicheischmidt M1212	1.25 600	3.5/4.0 9.0/4.0	24/900 48/450	Impuls	11.2/12.8 0.19/0.33	16/22	1110/1210 2975/8025 7400/2350	1575 2140 2540	2400
Sicheischmidt M1214	1.4 600	3.5/4.0 9.0/4.0	24/1050 48/450	Impuls	11/12.8 0.18/0.32 regelbat	15/22	1110/1210 2975/7935 7310/2350	1575 2140 2540	2520
Sicheischmidt M1216	1.6 600	4.0/4.0 9.0/4.0	24/1200 48/600	Impuls	11.8/14.5 0.27/0.35 regelbar	11/21	1145/1272 2975/7935 7310/2350	1665 2175 2575	2770
Sicheischmidt M1220	2.0 600	4.0/4.0 9.0/4.0	24/1200 48/600	Impuls	11.6/15.2 0.26/0.35 regelbar	10/20	1245/1272 2975/7935 7310/2530	1836 2275 2675	2830

附录 7:电动牵引车(见附表 7-1、附表 7-2)

附表 7-1

生产厂商 叉车型号	额定载荷 $Q(t)$ 载荷重心 (mm)	动力			功率		尺寸		带蓄电 池自重 (kg)
		60 分钟行驶电机功率(kW)起升电机工作制15%的功率(kW)	蓄电池 容量 (V/Ah)	行驶控 制方式	行驶满/空载(km/h) 起升满/空载(m/s) 下降满/空载(m/s)	最大爬 坡度(%) 满/空载	长度/宽度结构高度非起升/起升后标准起升/非起升	转弯半径 (mm) 工作宽度 Ast(mm)	
Linde P60Z	60	3.2	24/500	Impuls	6.5//14.0 120	4/20	1700/910	1545	930
Linde P100Z	10.0	8.5	48/400	Impuls	8.0/16.6 250	5/15	1660/1080	1590	1620
Linde p200z	20.0	13.0	80/400	Impuls	20.0	2/20	2910/1320	2830	2820
Lafis LES20K	2.0	1.5	2×12/ 140—200	Impuls	4/6	8/14	1245 700 1450	1160	640/70
Lafis LES30K	3.0	1.5	2×12/ 140—200	Impuls	4/6	8/14	1245 700 1450	1160	640/70
Lafis LES40K	4.0	2.0	2×12/ 140—200	Impuls	4/6	8/14	1245 700 1450	1160	640/70

附表 7-2

生产厂商 叉车型号	额定载荷 $Q(t)$ 载荷重心 (mm)	动力			功率		尺寸		带蓄电池自重 (kg)
		60分钟行驶电机功率(kW)起升电机工作制15%的功率(kW)	蓄电池容量 (V/Ah)	行驶控制方式	行驶满/空载(km/h) 起升满/空载(m/s) 下降满/空载(m/s)	最大爬坡度(%) 满/空载	长度/宽度 结构高度非起升/起升后标准起升/非起升	转弯半径 (mm) 工作宽度 Ast(mm)	
OMG 730T	3.0	2 2	24/315	Impuls	4.5/6 3.0/5.0	10/16	1283 850 1250	1168 1223/1523	680
Pefra Mod. 712/6	6.0	3.2	24/500	Impuls	6/10 130	3.5/25	1650/820/ 850		1100
Bison EGS/Z	6.0	4.6	48/300	Micropro Impuls	4/6 6000	6/9	2910/1320	2830	2820
Jager EFZ－HY5	4.0	2.0	24/180	Widerstand	4000	3/15	1775/720/ 1140	2650	553
Jager EFZ－HY7.5	6.0	2.0	24/180	Widerstand	6000	3/15	1775/720/ 1140	2650	575
Jager EFZ－HY15	12.0	2.5	24/280	Widerstand	12000	3/15	1805/960/ 1090	2200	1027

附录 8：电动低起升托盘搬运车（见附表 8-1、附表 8-2）

附表 8-1

生产厂商 叉车型号	额定载荷 $Q(t)$ 载荷重心 （mm）	动力			功率	尺寸				带蓄电池自重 （kg）
		60 分钟行驶电机功率（kW）起升电机工作制 15%的功率（kW）	蓄电池容量 （V/Ah）	行驶控制方式	行驶满/空载（km/h） 最大爬坡度满/空载（%）	货叉长 mm	货叉宽 mm	结构高度高/宽 标准起升/非起升	转弯半径（mm） 工作宽度 Ast(mm)	
Still Wagner EGU16	1.6	0.8 1.0	24/160	Impuls	5.0/6.0 10/20	1150	160 （单）	530/700 120/85	1520 1950	440
Still Wagner EGU18	1.8	1.0 2.0	24/180	Impuls	5.0/6.0 10/20	1150	180 （单）	510/700 120/85	1555 1985	480
Still Wagner EGU20	2.0	1.0 2.0	24/200	Impuls	5.0/6.0 10/20	1150	180 （单）	570/700 120/85	1615 2045	505
BT PPT1400MX	1.4	1.2—60% 1.2	24/140	Widerstand	5/6.1 14/20	1150	550 （双）	562/725 205/85	1475 1971	460
BT PPT1600MX	1.6	1.2—60% 2.0—10%	24/180	Widerstand	4.7/6.1 13/20	1150	550 （双）	562/725 205/85	1545 1971	500
BT PPT2000MX	2.0	1.2—60% 2.0—10%	24/225	Widerstand	4.7/6.1 11/20	1150	550 （双）	562/725 205/85	1565 1971	525

附表 8-2

生产厂商 叉车型号	额定载荷 $Q(t)$ 载荷重心 (mm)	动力			功率	尺寸				带蓄电池自重 (kg)
		60分钟行驶电机功率(kW)起升电机工作制15%的功率(kW)	蓄电池容量 (V/Ah)	行驶控制方式	行驶满/空载(km/h) 最大爬坡度满/空载 (%)	货叉长 mm	货叉宽 mm	结构高度 高/宽 标准起升/非起升	转弯半径 (mm) 工作宽度 *Ast*(mm)	
BT LR3.0T	3.0	5.0—60% 2.0—10%	48/480 —600	Transistor	10/12.5	2850	560 (双)	1231/980 200/85	3353 4353	2300
BT LR3.0T	3.0	2×3.7—60% 2.0—10%	48/480 —600	Transistor	13.3/15.0	1150	560 (双)	1231/980 200/85	3353 4353	3655
Linde T16	1.6	0.7 1.0—10%	24/150	Impuls	4.0/6.0 10/20	1150	520 (双)	545/700 130/85	1425 1945	395
Linde T18	1.8	0.9 1.0—10%	24/200	Impuls	4.8/6.0 10/24	1150	520 (双)	600/700 130/85	1480 2000	471
Linde T20	2.0	1.2 1.2—10%	24/240	Impuls	6.0/6.0 10/24	1150	520 (双)	600/700 130/85	1480 2000	481
Linde T30	3.0	1.2 2.0—10%	24/270	Impuls	3.9/6.0 7/24	1150	560 (双)	669/750 125/86	1568 2071	580

附录 9:叉车(充气轮胎轮辋)实心轮胎常用系列技术参数表

轮胎规格	适用轮钢	轮胎尺寸			平均重式叉车轮胎最大负荷 kg						备注
		外直径/mm	断面宽/mm	*r*/mm	10km/h		16km/h		25km/h		
					驱动轮	转向轮	驱动轮	转向轮	驱动轮	转向轮	
15×4.5—8	3.00	380	106	179	905	725	875	655	805	605	
4.00—8	3.00	410	115	200	1055	845	1020	765	950	715	
5.00—8	3.00	465	127	221	1210	970	1175	880	1095	820	
6.00—9	4.00	530	140	256	1920	1535	1855	1390	1730	1295	
6.50—10	5.00	586	156	281	2640	2110	2545	1910	2370	180	
7.00—12	5.00	667	168	322	3015	2410	2910	2185	2710	2035	
7.00—15	5.50	738	178	360	3590	2872	2465	2600	3225	2420	
8.25—12	5.00	738	200	346	3325	2660	3215	2410	2995	2245	
8.25—15	6.50	830	202	400	4940	3950	4765	3575	4440	3330	
8.25—20	6.50	975	218	472	5425	4340	5240	3930	4880	3735	
16×6—8	4.33	415	154	197	1500	1200	1445	1085	1345	1010	
18×7—8	4.33	450	154	214	2350	1880	2265	1700	2110	1585	
21×8—9	6.00	522	180	250	2810	2250	2715	2035	2530	1895	
27×10—12	8.00	680	232	320	4465	3570	4315	3235	4020	3015	
28×9—15	7.00	706	210	335	4090	3270	3945	2960	3675	2755	
200/50—10	6.50	446	194	211	2470	1850	2240	1680	1900	1425	
355/65—15	9.75	828	3000	384	7800	5850	7080	5310	6000	4500	
250—15	7.00	728	235	348	4675	3740	4515	3385	4205	3155	250/775—15
300—15	8.00	828	254	384	5990	4790	5780	4335	5380	4035	300/75—15
9.00—20	7.00	1006	240	471	6450	5160	6235	4675	5805	4355	
10.00—20	7.50	1040	250	508	7480	5990	7230	5420	6730	5045	
11.00—20	8.00	1060	270	502	8440	6750	8160	6110	7610	5680	
12.00—20	8.50	1110	288	528	8800	7000	8500	6925	7915	6450	

附录 10:科蒂斯 1236 以及 1238 电机速度控制器

科蒂斯 1236 和 1238 电机速度控制器通过先进的控制软件,保证了电机在不同的模式下都能平稳运行,包括全速和大扭矩下的再生制动、零速以及扭矩控制。专有的输入/输出端口及软件,保证了控制器对电磁制动和液力系统控制的经济性和高效率。

科蒂斯 1236 和 1238 电机速度控制器适用于所有电动车辆,包括物料搬运车、工业车辆、高尔夫球车、各种轻型上路车辆等。

型号规格	蓄电池电压/V	最大电流可持续 2 分钟/A	最大功率可持续 2 分钟/kVA
1236－44xx	24～36	400	16.6
1236－45xx	24～36	500	20.9
1238－46xx	24～36	650	25.4
1236－53xx	36～48	350	19.7
1238－54xx	36～48	450	25.5
1238－56xx	36～48	650	36.3
1236－63xx	48～80	650	36.3
1238－65xx	48～80	550	51.3

附录11:萨牌(ZAPI)MOS系列中,AC1和AC2交流电机速度控制器

AC1控制器适用于0.7kW～2.5kW交流电动机

蓄电池电压:24V－36V－48V

最大电流:(24V,36V),250A可持续2分钟

最大电流:(48V),180A可持续2分钟

AC2控制器适用于3kW～8kW交流电动机

蓄电池电压:24V－36V－48V－72V－80V

最大电流:(24V,36V),500A可持续2分钟

最大电流:(36V,48V),450A可持续2分钟

最大电流:(72V,80V),400A可持续2分钟